季节冻土(粉质黏土)冻融特性试验研究

郑美玉　周利军　著

U0268677

黄河水利出版社

·郑州·

内 容 提 要

本书以季节冻土(粉质黏土)为试验对象,阐述冻胀、融沉系数的变化规律。全书共分7章,主要包括绪论、季节冻土融沉机制及融沉试验、试验数据处理与分析、季节冻土的微观结构特征、季节冻土水热耦合理论分析、冻土水热耦合数值模拟研究及结论。

全书分析总结了季节冻土(粉质黏土)的冻胀、融沉特性及机制,是冻土的实践性成果,可供冻土研究人员阅读参考。

图书在版编目(CIP)数据

季节冻土(粉质黏土)冻融特性试验研究/郑美玉,周利军著. —郑州:黄河水利出版社,2023.3
ISBN 978-7-5509-3530-3

I.①季… Ⅱ.①郑… ②周… Ⅲ.①冻土区-水利工程-冻融作用-试验研究 Ⅳ.①TV

中国国家版本馆 CIP 数据核字(2023)第 048361 号

策划编辑:王志宽 电话:0371-66024331 E-mail:27877394@qq.com

责任编辑	杨雯惠	责任校对	兰文峡
封面设计	李思璇	责任监制	常红昕

出版发行 黄河水利出版社
  地址:河南省郑州市顺河路 49 号 邮政编码:450003
  网址:www.yrcp.com E-mail:hhslcbs@ 126.com
  发行部电话:0371-66020550
承印单位 河南新华印刷集团有限公司
开　　本　787 mm×1 092 mm　1/16
印　　张　6.25
字　　数　144 千字
版次印次　2023 年 3 月第 1 版　　2023 年 3 月第 1 次印刷
定　　价　48.00 元

前　言

  冻土的融沉特性研究是冻土研究的重要内容之一,而融沉系数则是判断冻土融沉特性的直接指标,因此针对季节冻土区的地域特点,选择东北地区的典型土质——粉质黏土,对土的融沉特性进行研究。本书以试验为基础,分析含水率、干密度、冻结温度及冻融循环次数等因素对融沉系数的影响,进行了开放系统和封闭系统不同条件、不同水平的单因素试验和正交试验。

  全书共分为7章,第1章绪论,主要介绍冻土融沉的研究意义、国内外冻土融沉的研究进展及本书的研究思路。第2章季节冻土融沉机制及融沉试验,主要介绍融沉机制、影响冻土融沉的因素、试验参数及边界条件、试验仪器及操作方法。第3章试验数据处理与分析,得到融沉系数与含水率、干密度、冷端温度及冻融循环次数的关系;通过正交试验,确定了各影响因素对季节冻土融沉系数影响程度的主次关系;针对封闭系统,建立了融沉系数与含水率、干密度、冷端温度及冻融循环次数之间的多元线性回归模型;分析了在开放系统及封闭系统下,土体冻融后水分迁移特征。第4章季节冻土的微观结构特征,主要介绍冻土的物质组成、矿物成分,冻融前、冻中及冻融后土体的内部结构变化特征。第5章季节冻土水热耦合理论分析,进行冻土水分场、温度场方程的推导,建立冻土水热耦合数学方程组及边界条件。第6章冻土水热耦合数值模拟研究,利用COMSOL软件建立了有限元水热耦合数值模型,根据室内试验进行了冻土随温度、水分变化的模拟,验证室内试验的有效性。第7章结论,对本书研究内容进行总结。

  本书由绥化学院郑美玉(第3章、第4章、第6章、第7章)、周利军撰写(第1章、第2章、第5章、第7章),全书由郑美玉、周利军统稿、修改。

  本书是编者多年的科研成果总结,也参考了许多专家学者的论著,谨向他们表示衷心的感谢。

  由于笔者学术见识有限,书中不足之处,敬请各位专家、读者批评指正。

作　者
2022 年 11 月

目　录

第1章 绪 论

1.1 研究目的和意义

所谓冻土,是指土体内部含有冰,并且温度低于土体的起始冻结温度的各种岩土和土壤。当土体内的温度在 0 ℃ 或以下时,其内部不含有冰的土体称为寒土。通常土体的存在状态受外界温度变化的影响,温度的变化使土体的存在状态发生改变,进而根据土体处于冻结状态时间的长短,将冻土分为瞬时冻土、季节冻土和多年冻土,这三种冻土之间又存在着过渡状态。多年冻土指冻结状态持续两年以上并且有多年不融的冻土。季节冻土是指随季节温度的变化,在地球表面几米范围内,冬季冻结、夏季融化的土体。瞬时冻土是指冻结状态一般保持时间较短的冻土。在多年冻土区接近地表处随着季节变化的影响,也存在着冬冻夏融的活动层,即季节冻融层,因此在多年冻土区也伴随着季节冻融现象。

全球冻土的覆盖面积占陆地总面积的比例很大,地球上陆地总面积为 14 950 hm²,多年冻土占整个陆地面积的 25%,约为 3 740 万 hm²,主要分布在环北极地区及中、低纬度的高山和高原。季节性冻土面积约占整个陆地总面积的 65%,约为 10 350 万 hm²。我国幅员辽阔,国土面积为 960 万 hm²,我国也是一个冻土比较发育的国家,多年冻土面积约 211 万 hm²,占我国国土总面积的 23%,仅次于苏联和加拿大,在世界上居第三位,主要分布在东北大、小兴安岭的北部,青藏高原以及西南、西北的高山。我国的季节性冻土主要分布在长江以北地区,遍布北方的十几个省份,面积约 514 万 hm²,约占国土总面积的 53.5%,并且冻结深度随着纬度的增加而增厚,其中冻深在 1 m 以上的中深度季节冻土约占国土面积的 1/3,主要分布于东北三省、内蒙古、甘肃、宁夏、新疆北部、青海等地。由此可见,我国无论是多年冻土还是季节冻土,分布都很广泛,这也使我国在冻土研究上具有广阔的前景。

在多年冻土或是季节性冻土的地表,存在着一层冬季冻结、夏季融化的冻结融化层,冻结融化层内的土体,随着温度的变化产生了冻结、融化现象,对其上部的结构或建筑物的稳定有直接的影响,表现为当冻结融化层内土体的温度升高,土体发生融化,冰晶和冰膜融化成液态水,由于冰融化成水体积的变化使得土体产生融化下沉,导致土体的承载力下降以及地基的不均匀下沉,由此产生了融沉现象。融沉现象的产生,造成了地基失稳及上部结构变形等现象,甚至造成结构的破坏而导致无法使用。由此可见,在这些冻土地区修建建筑物,融沉问题是设计时必须考虑的一项内容,因此也有必要对冻土的融沉问题展开深入研究。

近年来,随着经济的快速发展和人口的不断增加,为满足人们生活的需要,在冻土地区越来越多地兴建能源、交通、通信等建筑设施。在冻土地区修建的建筑物都普遍存在融沉破坏问题,如铁路、公路、工业与民用建筑和水利工程等都经常由于冻土融化后的不均匀沉陷而无法正常运营。在水利工程中,冻融破坏对衬砌渠道、土坝、堤防、挡土墙等工程的损害也较为突出,特别是在东北、西北、华北等广大北方季节性冻土地区,气候的年内变化及年复一年的周期性循环,使冻土产生融化下沉,致使寒冷地区各类水工建筑遭到不均匀变形破坏。对此如果不能合理预测和控制,轻则造成地基失稳,使邻近建筑物产生倾斜、裂缝;严重时会导致建筑物发生坍塌等事故,给工程的安全运行带来隐患,同时带来巨大的经济损失。

由于冻土的结构复杂,不同地区冻土的工程性质和融沉特性都存在较大差异,因此对季节冻土区水工建筑物的融沉做出合理预测及科学的防治措施是必要的。本书针对冻土融沉的特性规律及其影响因素进行了研究,在研究过程中通过单因素试验,分析不同含水率、干密度、冻结融化温度和冻融循环次数条件对融沉变形的影响,利用 origin 数据分析软件,回归分析建立上述单因素与融沉系数的关系式,同时获得含水率、干密度、冻结温度、冻融循环次数对融沉系数的影响规律。通过正交试验分析含水率、干密度及冻融温度对融沉影响的主次关系,并根据实测的数据,利用 spss 统计分析软件,建立多因素融沉预报模型,进而根据冻融变形的不同程度采取不同的预防措施,使季节冻土区的冻融循环对建筑物的破坏降低到最小,解决因冻融过程给工程安全带来的不利,不仅对季节冻土融沉理论起到完善的作用,同时为工程实践提供一定的参考价值。

1.2 国内外研究进展

人们对冻土的研究早在 20 世纪就已经开始,并且积累了丰富的经验。由于人口及经济的不断增长,地处高纬度的国家开始注重对冻土的开发和利用。目前,对冻土的研究比较深入的国家有美国、苏联、加拿大、瑞典、挪威等一些高纬度地区国家。1925 年的瑞典冻结会议召开之后,世界各国陆续开始对冻土的冻胀和融沉问题进行研究,积极地解决因冻胀融沉给工程带来的不利。苏联在冻土科学方面的研究贡献尤为突出,原因在于苏联几乎全部的国土都处在多年冻土和季节冻土区,有着辽阔的冻土地带,多年冻土的总面积为 1 050 万 hm^2,约占国土总面积的一半以上,季节冻土几乎遍及全国。因此,为了发展国家的经济及满足人们的生产和生活需要,就不得不开发和利用冻土,在冻土上兴建各种建筑物,研究冻土的特性。正是由于苏联有着多年的研究经验及积累,因此在冻土研究上处于世界领先地位,有着完善的研究机构和庞大的规模。Everett 首先提出了第一冻胀理论,即毛细理论,该理论认为冰透镜体的形成是由冻胀压力和抽吸压力的作用,导致土中的毛细水从未冻区向冻结面迁移,但该理论无法解释不连续冰透镜体的形成。Miller 提出了冻结缘的概念,即第二冻胀理论,该理论解释冻胀产生的过程是在冻结面与冰透镜体暖端间存在一个冻结缘,冻结缘是一个厚度很薄、低导湿率、无冻胀的带。Radd,Akagawa 等对冻结缘的结构进行了研究,如冻结缘的厚度以及冰分凝增长的速度等。Konrad 在无压条件下,测得冻结缘厚度并提出了分凝势的概念,分凝势定义为通过冻结缘中水分迁移通量与温度梯度的比值。拉普金在诺里尔斯克试验中提出了土体的融沉分为两部分,即标准融化沉降和可变压缩沉降。戈里什腾对冻土在加载和卸载情况下的压缩性进行了研究。Nixon 等建立了可以对一维变边界条件的融沉进行预测的模型。Chamberlain 等对细粒土经过冻融循环研究发现,土的孔隙比减小,渗透性增大。Konrad,J M,Viklander P 等通过试验,认为土体经过反复的冻融循环后,孔隙比趋于稳定。Graham 等对原状黏土进行了冻融试验,发现土体在一维压缩条件下,经过 5 次冻融循环后,土的结构性严重减弱。Elliott 等研究发现,土体在经过几次冻融循环后其模量会有大幅度的降低。Aoyama 等认为,土体经过冻融后,黏聚力降低、内摩擦角变化很小。Konrad 通过试验发现,冻融循环对土体的冻胀效应有影响。Viklander P 对冻融后的土体进行 X 射线分析,经观察发现经过冻融后土的结构有所改变,致使土的渗透性增大。

在冻土的研究领域以崔托维奇为代表的一批苏联科学工作者,对冻土的研究无论是从理论上还是在实践中都做出了有价值的贡献。美国学者 Miller R D 和 Chamberlian E L 等在 20 世纪 60 年代也对冻土的冻胀融沉进行了研究,发表了一系列有关土壤冻胀和融沉机制的文章,在冻土的研究方面做出了很大的成绩,其研究成果得到了工程界的认可。Guymon 等学者利用未冻水含量和温度的关系来解释冻土冻胀融沉的复杂影响因素,并提出冻土中水分迁移与热质迁移相互作用的流体动力学模型。Nixon、Sheng 等学者基于次冻胀理论与冰分凝理论,提出了刚冰模型,该模型假设刚性冰不可变形和温度场是线性稳定的。Duquenoic 提出了热力学 THE 三场耦合模型,Fremond 进一步完善 THM 模型,从热力学角度出发,以多孔介质的混合物为基础,建立了冻土微元体中土颗粒、孔隙冰、液态水三相介质的质量守恒、能量守恒以及熵不等式,提出了多相介质相应的自由能和耗散能表达式以及多相介质的本构方程。

我国对冻土融沉的研究要晚于美国和苏联 30 多年,但发展的比较快,引起了国际冻土界的关注。我国对冻土的研究是以中国科学院兰州冰川冻土研究所为首,对多年冻土的研究有丰富的理论和实践基础,并先后在青海省木里、热水、将仓,青藏高原风火山,大兴安岭满归和黑龙江省大庆等地以及实验室内开展了试验研究。吉林大学、兰州大学、安徽理工大学、内蒙古农业大学、南京林业大学等单位也分别开展了房屋、路基、管道、矿山、巷道等的工业与民用建筑方面有关融沉问题的研究,研究成果包括冻土的融沉特性、冻土融化深度的预报以及防治融沉破坏的措施等。我国冻土方面的研究学者在 20 世纪 80 年代以后对冻土的融沉问题进行了一系列的研究,通过大量的试验,对冻土的融沉特性有了较全面的认识,为工程的应用提供了一定的理论参考。以朱元林、童长江、吴紫汪、崔成汉、程恩远及陈肖柏等为代表的国内研究学者,通过现场和室内试验发现,冻土融沉系数与土体含水率、干密度、孔隙度等有非常密切的关系。何平、程国栋等通过对冻土的融沉试验,将冻土的融沉分为非饱和状态、饱和状态以及过饱和状态,给出了三种状态下的融沉系数计算方法。吉林大学张喜发等对中俄石油管道工程漠河—大庆线多年冻土区及吉林高速公路段的土体进行研究,在研究过程中选取原状土及重塑土,考虑含水率、干密度及不同土质对土的融沉性质进行了研究,并且把试验得到的结论应用到解决路基的冻害问题上。南京林业大学王效宾对人工冻结技术下,冻胀融沉对地下工程的结构及建筑物的影响进行了研究,选择南京地区淤泥质黏土、粉质黏土、粉砂,选择含水率、干密度、冻结温度及荷载等影响因素进行融沉特性的研究,获得了各影响因素条件下不同土质的融沉系数、融化压缩系数规律。内蒙古农业大学李勇分别采用了先融化后压缩和同时融化压缩的试验方法,选择内蒙古地区的亚黏土和轻质亚黏土,在室内进行了原状土和重塑土试验,分别绘制了融沉系数和融化压缩系数与含水率、干密度及颗粒级配的关系曲线。梁波、刘德仁等对青藏铁路清水河、北麓河地区的粉质黏土,进行了不同土质、含水率、密实度以及荷载等条件下的试验研究,探讨了土体经过冻融循环后的循环融沉系数与融沉系数的关系表达式。蔡瑛通过冻融特性试验,研究开放条件下的土体在变化含水率、干密度、冷端温度和荷载条件下,经过冻融过程后,土体的结构变化、温度场的变化以及变形量等的变化规律。慈军针对新疆天山地区典型土质进行了冻结温度试验、冻胀率及融沉系数的计算,通过数据灰色分析得出了影响土体融沉系数因素的主次关系,结论为含盐量对融沉系数影响最大,其次是含水率、有机质含量、土质和干密度。针对水分迁移的研究,陈肖柏等通过大量的室内试验研究发现,冻土中的水分迁移与冻结过程中的土水势梯度有关,该梯度主要取决于土体的性质、边界条件、冻结速度和冻胀速度等;赵刚等通过对原状土和重塑土冻融引起的水分迁移开展研究,分析其冻融前后的含水率变化情况。原国红针对吉林省季节冻土区道路冻胀与翻浆问题进行了现场含水率、冻深及地温等监测,对季节冻土中的水分迁移进行了研究。关于土的冻胀融沉机制及如何减轻冻胀融沉带来的不利影响,国内外诸多学者做了大量的研究工作,得到了有价值的相关理论。汪恩良等对季节冻土区的白浆土进行了冻胀性试验研究,分析得出白浆土的冻胀率与干密度、饱和度和荷载等因素间的变化规律。陈肖柏等对不同土体的冻胀敏感性进行了研究,并得出了冻胀模型。李萍、何平等总结了国内外土体冻结过程中的热质迁移和冻胀模型研究进展。

1.3 研究内容及技术路线

1.3.1 研究内容

本书研究内容主要为如下几点:

(1)利用一套冻土冻胀融沉试验装置,该试验装置由土工冻胀试验箱、温度传感器、位移传感器、补水系统、数据采集仪等组成,能够完成土样在不同温度、不同含水率、不同干密度、不同冻融循环次数下的冻融试验。

(2)选取黑龙江省典型土质——粉质黏土,试验选择开放系统和封闭系统条件,进行土体的冻结和融化试验。试验过程中,变化顶板的温度为控制温度,使冻结和融化的负(正)温度由顶板向下单向传递。土中含盐量对融沉影响较大,但由于取土地点不存在盐渍问题,故含盐量对融沉的影响因素不予考虑。经分析本书选择重塑土样,影响冻土融沉特性的影响因素选为不同的初始含水率、干密度、不同冻结温度(恒温冻结)及冻融循环次数等因素,根据上述四种影响因素,进行不同水平的单因素试验和正交试验,利用ORIGIN数据分析软件分析含水率、干密度、温度和冻融循环次数等单因素对土融沉系数的影响规律,通过正交试验,利用极差分析法,确定上述因素对融沉系数影响的主次关系。

(3)分析冻土的融沉机制,利用试验数据,找出土体经过冻融后水分迁移的规律。在开放系统情况下,对比不同初始干密度的土体经过冻融后的水分迁移规律。分析土体的冻结深度与冻胀量及融化深度与融沉量的对比关系。

(4)通过试验所得的数据,利用 SPSS 统计分析软件,建立融沉系数与各试验因素的多元线性回归模型。利用电子显微镜、X 射线衍射及氮气吸附等方法,对土体不同冻结状态下的微观结构特征变化进行研究。

1.3.2 技术路线

技术路线如图 1-1 所示。

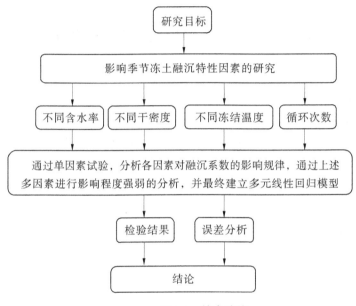

图 1-1 技术路线

第2章 季节冻土融沉机制及融沉试验

2.1 季节冻土融沉机制及影响因素

2.1.1 融沉机制

土的冻胀融沉是冻土区的一种常见现象,然而冻胀融沉现象的产生却给工程带来了危害,对结构及建筑物产生了破坏作用,因此对冻土融沉特性的研究一直以来是冻土研究的重要内容,得到了工程界的广泛关注。想要解决融沉破坏对工程结构带来的不利影响,首先需要了解土的融沉机制,只有了解了产生融沉现象的根本原因,才能更好地解决这一问题。

土体产生的融化下沉主要分为两部分原因,一部分是冰晶融化成水后的体积减小9%,即土体在冻结过程中,土体空隙中的水在负温作用下冻结成冰,体积增加,未冻区里的水分向冻结锋面迁移、积聚,最终形成冰透镜体,冰透镜体的形成使得土体的体积增大,当外界温度升高或者人为原因破坏了土体现有的这种平衡状态时,升高的温度由暖端向土体内部传递,导致已冻土层土体融化,冻土中的冰晶体和冰膜融化成水,由于冰变成水体积减小,使得融化后的土体颗粒结构发生变化,产生融化沉降;另一部分原因是土体融化后在自重的作用下,土颗粒重新集合而产生的压缩沉降量。土体融化后的融沉量大小与土粒结构及上覆荷载等因素有着密切的联系,融沉系数是冻土融沉特性的直接判定性指标,根据融沉系数的大小,可以计算出正在融化土体的融化沉降值。因此,对冻土的融沉特性进行深入的研究是很有现实意义的。

2.1.2 影响冻土融沉特性的因素

冻土的融沉问题研究是一项复杂的研究内容,主要是影响冻土融沉性的因素较多,通过以往的研究发现,土体的融沉系数与土体的含盐量、土的颗粒组成、含水率、干容重、冻结温度、冻融循环次数及外荷载等诸多因素有着密切的关系。因此,只有了解上述诸多因素对融沉特性的影响规律,才能采取必要的措施,解决融沉问题给结构和实际工程带来的不利影响。

(1)含盐量。

土体中含盐量的大小是对融沉有着重要影响的一项指标,如果土中含盐量高,此时土体内水的冰点就会降低,土体中的水就不易冻结,土的冻结温度下降,因此在相同的试验条件下,含盐量高的土体的冻胀量较不含盐的土体的冻胀量要小。当土体中的含盐量达到一定高度值时土体会发生不冻胀的现象。根据文献[48]中的研究,当土质及冻结温度相同时,含水率高而含盐量低的土体先冻结,在融化时较缓慢;当含水率和含盐量都高时,土体不易冻结,但融化得较快;当含水率低而含盐量高时,土体会出现不冻结的现象。

(2)含水率。

冻土中含水率的大小也是影响土体冻胀和融沉的一个关键因素,根据文献[25]、[27]中的研究成果发现,冻土的融沉系数大小与土体中的含水率有着非常直接的关系,当土体中的含水率小于起始冻胀含水率时,土体不产生冻胀和融沉现象,当土体中的含水率达到某一临界值时,融沉系数与含水率呈正的线性相关关系。

(3)干密度。

干容重与冻土融沉系数的关系,文献[43]中认为融沉系数与干密度的关系中存在临界干密度,即土体的干密度为临界干密度时融沉系数最小;当土体的干密度小于临界干密度时,融沉系数随着干密度的增大而减小;当土体的干密度大于临界干密度时,融沉系数随着干密度的增大而增大。文献[40]中得出的结论为融沉系数与干密度基本呈负相关的关系,且当融沉系数为零时的干密度为起始干密度。干密度与融沉系数的关系可解释为当土体的干密度相对较大时,土体中孔隙体积较少,因此土体在经过冻融过程后不容易产生较大的沉降变形。当土体的干密度较小时,土体中的孔隙体积相对较大,土体经过冻融后土体颗粒间出现积聚,土体体积减小,孔隙率也会减小,因此会产生较大的变形量。

(4)土质。

不同土质对融沉系数是有影响的,关于这方面的研究已经很多,通过大量的试验研究得出的结论是在相同的试验条件下,粉质亚黏土、粉质黏土的融沉性最强,重黏土和细砂次之,砂砾石土的融沉性最弱,因此土的融沉系数大小与颗粒成分的关系是密切的。

(5)荷载。

在土体的融化过程中,在有上覆荷载作用下,土体在外荷载作用下会产生压密沉降,融沉系数的大小随荷载的增加而增大。

(6)土体结构。

冻土的融沉量大小与冻结过程中所形成的结构有关,一般冻土的结构呈整体状的产生的融沉量不大,冻结时呈层状或网状构造的在融沉过程中会产生较大的沉降变形。

(7)冻融循环。

土体经过反复的冻融循环,使得土颗粒间改变了原来的位置关系,由动态的不平衡状态向新的动态平衡状态发展,最终达到稳定,因此随着冻融循环次数的不断增加,冻融循环作用对融沉系数的影响不再明显,而是趋于稳定状态。

2.2　试验参数及边界条件

试验过程中,需要确定的初始条件包括含水率、干密度、冻融温度及冻融循环次数。本试验考虑的边界条件为:

(1)含水率边界条件。

含水率对融沉系数的影响规律分析试验过程中,选择在封闭系统条件下进行,试验过程中依据一些已有研究成果选择含水率,土体发生冻胀需大于其起始冻胀含水率,几种典型土质的起始冻胀含水率见表 2-1,且起始冻胀含水率与塑限又有一定的相关性,见式(2-1)。

$$\omega_0 = \alpha\omega_p \tag{2-1}$$

式中　ω_0——起始冻胀含水率(%);

　　　ω_p——塑限含水率(%);

　　　α——比例系数,取 0.71~0.86,平均为 0.8。

表 2-1　几种典型土的起始冻胀含水率

土名	粉土	黏土	亚黏土	亚砂土	亚砂土
塑限含水率/%	19.1	15.7	21.0	10.5	10.2
起始冻胀含水率/%	13.0	12.0	16.0	10.0	8.0

根据上述的经验公式,结合本书中的土质特点,确定本书试验过程中的含水率分别选为 18%、20%、22%、24%、26%,根据上述几组不同的初始含水率,进行以含水率为影响因素的单因素试验,通过试验数据分析含水率与融沉系数的关系。

(2)土的干密度边界条件。

试验所选土体为哈尔滨地区典型土质——粉质黏土为研究对象,制备重塑土土样进行融沉试验。然而土的密实程度不同,对土的融沉特性也有显著的影响。土的密度不同,其孔隙体积就不同。当土体密度过小时,孔隙空间较大,孔隙中的水相变成冰后,不足以引起土颗粒孔隙空间的膨胀,故土体不发生冻胀现象,只有当密度在某一范围时土体才体现出冻胀的特性,陈肖柏等研究发现,黏性土产生最大冻胀强度时的干密度与最大干密度之间的关系见式(2-2)。

$$\rho_d = (0.8 \sim 0.9)\rho_{opt} \tag{2-2}$$

式中　ρ_d——土样干密度,g/cm³;

　　　ρ_{opt}——标准击实试验下的最大干密度,g/cm³。

因此,本书在通过击实试验确定最大干密度后,根据式(2-2)计算,拟定本书试验过程中的试验干密度为 1.45 g/cm³、1.49 g/cm³、1.54 g/cm³、1.58 g/cm³,并针对上述几种干密度分别进行开放系统和封闭系统条件下的融沉试验,分析两种状态下的不同情况以及与融沉系数的关系。

(3)温度边界条件。

根据黑龙江省哈尔滨地区实测的 2006—2007 年的地表实测温度,试验选取的冻融温度为 2006 年 11 月至 2007 年 3 月的冻结期旬平均冻结温度为控制温度,温度变化过程采用恒温冻结及融化。土样在试验过程中,底板温度、箱体温度均控制在+1 ℃,顶板温度变化,土样侧面隔热保温,不进行热传导。表 2-2 为 2006—2007 年哈尔滨地表实测旬平均温度值,表 2-3 为试验选取的温度值,图 2-1 为以 −4 ℃ 为代表的温度控制过程曲线。

表 2-2 2006—2007 年哈尔滨地表实测旬平均温度值

日期(年-月-日)	旬平均值/℃
2006-11-01 ~ 2006-11-10	−3.0
2006-11-11 ~ 2006-11-20	−3.3
2006-11-21 ~ 2006-11-30	−10.0
2006-12-01 ~ 2006-12-10	−12.0
2006-12-11 ~ 2006-12-20	−13.0
2006-12-21 ~ 2006-12-30	−16.0
2007-01-01 ~ 2007-01-10	−12.5
2007-01-11 ~ 2007-01-20	−17.5
2007-01-21 ~ 2007-01-30	−13.3
2007-02-01 ~ 2007-02-10	−11.5
2007-02-11 ~ 2007-02-20	−10.5
2007-03-01 ~ 2007-03-10	−8.0
2007-03-11 ~ 2007-03-20	−10.0
2007-03-21 ~ 2007-03-30	−2.0

表 2-3　试验温度值

序号	温度值/℃
1	-3.0
2	-4.0
3	-6.0
4	-9.0
5	-12.0

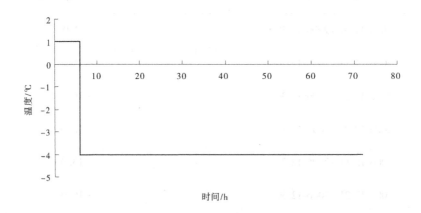

图 2-1　冻结温度控制过程曲线

(4)应力边界条件。

因试验条件所限,本书不考虑外荷载因素对冻融的影响。

(5)位移边界条件。

土样试验在侧向受限、竖向无约束的条件下进行。

2.3　试验仪器

本书试验过程中所需仪器为土工冻胀试验箱、温度传感器、位移传感器、数据采集系统及击实仪等仪器设备。

2.3.1　土工冻胀试验箱的组成及功能

本书试验过程中采用的冻融装置是由杭州雪中炭生产的 XT5405FSC 型土工冻胀试验箱(见图 2-2),箱体温度控制范围为$-30 \sim +50$ ℃,恒温波动度为$\pm 0.2 \sim 0.5$ ℃,冷热源温度控制范围为$-40 \sim +60$ ℃,恒温波动度为$\pm 0.1 \sim 0.2$ ℃,能实现正弦、线性以及恒温变化规律的温度控制。该仪器能实现顶板和底板的加热与制冷功能,箱体可以恒温控制,设置分辨力为 0.1 ℃,数显分辨力为 0.1 ℃,能够实时控制温度,试验过程中能满足试样补水的要求。

图 2-2　土工冻胀试验箱

2.3.2　监测系统

2.3.2.1　温度监测

温度监测采用的是由中国科学院寒区旱区研究所研制的热电阻式温度传感器(见图2-3),该传感器为探针式,可以插入土体内部,监测不同土层的温度变化,温度精度为±0.01 ℃,测温范围为-40~+60 ℃。

图2-3　温度传感器

2.3.2.2　位移监测

本试验的位移监测采用的是差动式位移传感器(见图2-4),该传感器的有效量程为30 mm,输出电压为1~5 V,精度为0.1%FS。

2.3.3　数据采集系统

数据采集系统采用由澳大利亚生产的data taker 85智能数据采集器(见图2-5),该采集器模拟输入通道16个,数字输入输出通道12个,工作温度为-45~70 ℃,能达到实时采集数据的要求,采集间隔为10 ms~180 d,测量精度为0.1%,测量参数包括温度监测、冻胀量位移监测、冻胀力监测、应力分布监测。

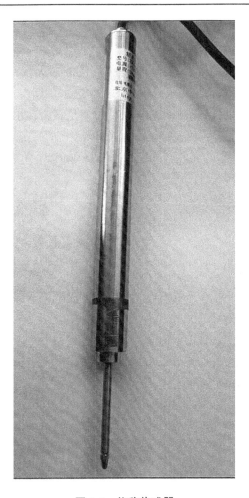

图 2-4　位移传感器

图 2-5　数据采集器

2.3.4 补水装置

补水装置是土工冻胀试验箱自带的装在箱体后侧的马氏瓶,瓶底侧的出水口与箱体后侧的进水口相连,通过胶皮软管与底板或顶板的补水进水口相连,在马氏瓶的底端有 40 mm 高的玻璃通气孔深入瓶子里,保证与大气相通,能够满足试验补水的要求(见图 2-6)。

图 2-6 补水装置

2.4 试验方法与步骤

本书采用的土质为粉质黏土,试验土样为重塑土,重塑土样的制备满足《土工试验方法标准》(GB/T 50123—1999)3.1.6 条内容规定,将干土过筛(筛孔直径为 2 mm)后取筛下的土,根据所需土的计算用量与目标含水率进行配样闷料。

融沉试验中土样制备采用分层压样法,试样桶采用筒高 25 cm、内径 10 cm 的有机玻璃筒,试样桶侧壁从底垂直向上至 12 cm 处依次每隔 1.5 cm 有一个小孔,小孔的作用是插温度传感器。试验土样高度控制为 12 cm,按照要求的干密度计算试样所需湿土质量,将计算好的湿土分三层装入试样桶内并击实,制备好的土样密度与要求密度之差不大于

±0.01 g/cm³,含水率与要求含水率之差不大于±1%。本书中冻土融沉试验在土工冻胀试验箱内完成,土样在某个负温下完成冻结后,在+20 ℃温度条件下融化。

融沉试验步骤如下。

(1)制备土样。

根据试验设计需要的含水率配制土样,黏土需闷料一昼夜。试验过程中采用分层压样法,首先将制样筒内壁涂抹凡士林,按照试验所需的干密度计算所需土的质量,将称取的湿土均匀分为三层击实,第一、二层击实的土样要将顶端抛毛,以利于下一层土与该层土的良好联接,击实后将土样在脱模机上脱模,制出尺寸为直径 100 mm、高 120 mm 的试样,图 2-7 为制备完成的土样,要求制备出的土样密度与含水率在准许误差的范围内。

图 2-7　制备土样

(2)安装试样。

将制好的土样放入涂有凡士林的有机玻璃筒内,土样上下盖上滤纸,装入试样架,保证试样与顶板和底板紧密接触,在土样上端安装位移传感器,在试样筒侧面将 8 根温度传感器探针插入土体内部,并用橡皮泥将探针与有机玻璃桶外壁接触处堵住,防止水分渗出及提高温度传感器所测数据的准确性。图 2-8 为试样安装完成图。

(3)土样恒温。

将试样装入土工冻胀试验箱后,将箱体、顶板、底板温度均调至+1 ℃,恒温 6 h,使土样内部温度均匀,不存在水分迁移现象。

(4)单向冻结。

将底板温度及箱体温度始终保持为+1 ℃,调顶板温度为负温,启动温度与位移数据采集系统,试验过程中每个土层的温度能实时监测,试样的位移变化量也能达到实时显示。当试样冻结数小时后,冻胀趋于稳定,根据《冻土地区建筑地基基础设计规范》(JGJ

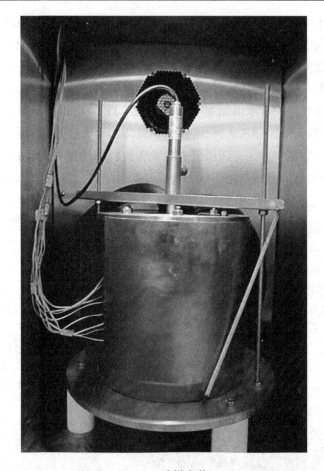

图 2-8　试样安装

118—2011),对封闭系统,读数 1 h 不变,开敞系统 2 h 试样高度变化小于等于 0.02 mm 时,认为冻胀结束。

(5)加热融化下沉。

当土体冻胀稳定后加热融化,融化温度选为室温+20 ℃,此时调顶板温度为+20 ℃,使试样开始融化下沉,土样融沉阶段变形量在 2 h 内小于 0.02 mm 时认为融沉达到稳定状态,采集融沉过程中的温度与位移变化量。

(6)数据处理。

计算各测点的温度变化值、不同土层的含水率变化情况及冻胀融沉值,绘制相关的关系曲线,利用 ORIGIN 数据分析软件进行回归分析。

2.5　试验设计

本书试验所选土质为黑龙江省典型土质——粉质黏土,经过含水率试验、击实试验及液塑限试验测得土样基本物理指标见表 2-4。

表 2-4　土的基本物理指标

土质	液限 ω_L / %	塑限 ω_P / %	塑性指数 I_P	击实特性		分类
				最大干密度 ρ_{opt} /（g/cm³）	最优含水率 ω_{opt} / %	
粉质黏土	31.0	18.3	12.7	1.75	14.5	低液限黏土

　　试验设计时选取不同含水率、不同干密度、不同冻结温度及冻融循环次数作用下的单因素和正交试验,以确定各因素对融沉系数的影响规律。试验安排见表 2-5、表 2-6。

表 2-5　单因素试验安排

试验编号	含水率/%	干密度/（g/cm³）	冻结温度/℃	冻融循环次数	考虑因素
1	18	1.54	−6	1	含水率
2	20				
3	22				
4	24				
5	26				
6	24 封闭系统	1.45	−4	1	干密度
7		1.49			
8		1.54			
9		1.58			
10	24 开放系统	1.45			
11		1.49			
12		1.54			
13		1.58			

续表 2-5

试验编号	含水率/%	干密度/(g/cm³)	冻结温度/℃	冻融循环次数	考虑因素
14			−3		
15			−4		
16	22	1.58	−6	1	温度
17			−9		
18			−12		
19				1	
20				3	
21	20	1.49	−9	5	循环次数
22				7	

表 2-6　正交试验安排

试验编号	含水率/%	干密度/(g/cm³)	冻结温度/℃
23	20	1.45	−4
24	20	1.49	−6
25	20	1.54	−9
26	22	1.45	−9
27	22	1.49	−4
16	22	1.54	−6
28	24	1.45	−6
29	24	1.49	−9
8	24	1.54	−4

2.6　本章小结

本章主要介绍了如下内容：

(1) 土体产生融沉现象的融沉机制，影响土体融沉大小的因素，主要包括含盐量、含水率、干密度、土质、冻结温度、荷载以及冻融循环次数等。

(2) 确定本次试验的边界条件，本书中控制的边界条件主要有温度边界条件、含水率、干密度、冻融循环次数等条件的确定，确定方法主要通过经验法以及实验室的条件，为下一步试验做基础。

(3) 介绍了完成试验内容所需的仪器设备，以及各仪器设备的工作性能，说明该试验条件可以满足试验内容的要求。

(4) 对书中的试验内容进行了具体的安排，分为单因素试验和正交试验，其中单因素试验中部分内容又分别做了开放系统和封闭系统条件下的试验，目的在于分析开放系统、封闭系统条件下的不同，通过正交试验确定各影响因素对融沉系数影响的主次关系。

第 3 章　试验数据处理与分析

3.1　数据计算方法

冻胀率:

$$\eta = \frac{\Delta h}{H_f} \times 100\% \tag{3-1}$$

式中　η ——冻胀率(%);

　　　　Δh ——冻胀量,mm;

　　　　H_f ——冻结深度,mm。

融沉系数:

$$\alpha_0 = \frac{\Delta h_0}{h_0} \times 100\% \tag{3-2}$$

式中　α_0 ——冻土融沉系数(%);

　　　　Δh_0 ——冻土融化下沉量,mm;

　　　　h_0 ——冻土初始高度,mm。

3.2　含水率对融沉系数的影响

土体由冻结状态过渡到融化状态,其内部的固态冰变成水,土体的内部骨架结构变化为由最初的土粒结构被冰分开而变成颗粒间重新集合,使土粒内部间产生了相对位移,发生了颗粒间重组的现象,这种现象的产生与土中含水率的大小又有着密切的关系。本书通过试验观测,得出含水率与融沉系数的实测数据,数据拟合情况见图 3-1 及表 3-1。

图 3-1 为封闭系统单向冻结融化条件下,融沉系数与含水率的关系曲线。经回归分析,表 3-1 中的关系式为融沉系数与含水率的关系式及冻胀率与含水率的关系式。从图 3-1 中的曲线及表 3-1 中关系式可以看出,融沉系数与含水率有很好的线性关系,并随着含水率的增大融沉系数呈递增的趋势。分析其原因,主要是随着土体内含水率的增加,水相变成冰后,体积的总增加量越大,冻结的冰在土体孔隙内使得土体的孔隙体积也增加,当温度升高,冰融化成水后,土粒间发生相对位移,土体内被冰填充的孔隙将有水排出,含水率越高,土颗粒孔隙中的冰越多,融化后排出的水就越多。

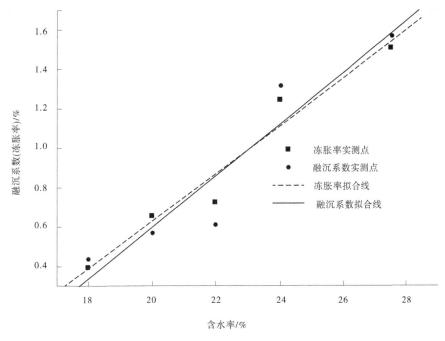

图 3-1　融沉系数(冻胀率)与含水率关系线

表 3-1　融沉系数与含水率关系式

指标	参数	关系式	相关系数
融沉系数	$\rho_d = 1.54 \ \text{g/cm}^3,$ $T = -6 \ ℃$	$\alpha_0 = 0.130\,52\omega - 2.008\,61$	$R = 0.943\,36$

通过前人的研究以及试验发现,并不是土体在任何含水率状态下都会发生融沉现象,只有含水率达到某一界限值时,土体才会发生融沉现象。原因在于当土体含水率过低时,冻土中的冰仅在孔隙中分布,不足以改变土颗粒的孔隙大小,因此融化后土体结构不会发生较大变化,故不存在融沉现象,反而会有热胀冷缩的现象产生。因此,通常就把这个能使土体产生融沉的界限含水率值称为起始融沉含水率。起始融沉含水率的产生又与土体的冻胀特性有关,当土体含水率低到一定程度时,土体也不会发生冻胀,因此界定能使土体产生冻胀的界限含水率称为起始冻胀含水率。所以说,土体的冻胀和融沉现象的产生都存在一个起始冻胀含水率和起始融沉含水率的界限值。根据文献[38]中的工程实践资料,表 3-2 为几种土的起始冻胀含水率。

表 3-2　几种土的起始冻胀含水率

土质	中、高液限黏土	低液限黏土	粉质低液限砂土	砂土
起始冻胀含水率/%	12~18	10~14	8~11	7~9

本书中根据试验实测的数据,对数据进行了线性回归分析,得出了回归关系式(见表3-1),通过线性回归计算式可以计算出该种土的起始冻胀含水率为14.8%,接近表3-2中给出的低液限黏土的起始冻胀含水率的值。本书在选择含水率时,为使冻胀现象发生,故含水率根据表3-2及关系式(2-1),选择在起始冻胀含水率以上。已有相关规范规定,$\alpha_0 = 0$时所对应的含水率为起始融沉含水率。当含水率达到起始融沉含水率时,融沉现象才会产生。根据线性回归公式计算,得出该种土质的起始融沉含水率为16.9%。

从图3-1中的冻胀率与融沉系数的关系回归线可以看出,冻胀量与融沉系数的回归线趋势是相同的,都是随着含水率的增大而增大,并且当含水率大于24%时,融沉系数大于冻胀率,而当含水率小于24%时,融沉系数小于冻胀率。此种现象的产生可以从土的融沉机制去解释:封闭系统土体冻胀的主要原因是土颗粒间的结合水冻结,水相变成冰后体积增加9%,增加的体积使得土颗粒之间的距离增加,因此产生了冻胀量。在土体融化的过程中,融沉的产生是融化下沉和压缩沉降共同作用的结果。融化下沉是由于温度升高,冰变成水后体积减小引起的沉降变形。压缩沉降是指土体在自重作用下产生的压缩变形。当土体中含水率较小时,土体在自重作用下的压缩变形量就小,融沉的产生主要是热融下沉量起作用,故出现了融沉系数要稍小于冻胀率的现象。当土体含水率大时,融沉的产生是热融下沉和压缩沉降共同作用的结果,所以融沉系数要较冻胀率大些,但融沉系数与含水率都随着含水率的增加而增大。

3.3　干密度对融沉系数的影响

土体产生融化下沉的根本原因是冻土融化后,孔隙体积的变化。相同的土质在不同干密度的情况下,其土体内部的孔隙大小是不同的。当土中孔隙较大即干密度较小时,土体融化后下沉量的产生,一部分原因是因为冰融化成水后体积减小,另一部分原因是由于土体融化时,土体在自重的作用下引起的土中孔隙减小。因此干密度较小时,土体的融沉系数相对较大。相反,当土体的孔隙率变小,干密度增大时,自重的作用对土中孔隙的减小将不再明显,土体的融沉系数相对较小。由此可见,干密度的大小与融沉系数有着密切的关系。

本书在试验过程中分别采用封闭系统和开放系统条件,对土的干密度对融沉系数的影响分别进行了试验,图3-2为融沉系数与干密度的拟合关系线。

由图3-2可见,无论是开放系统还是封闭系统,融沉系数都随着干密度的增大而减小,且呈较好的线性相关性。文献[44]得出的结论,黏性土、砾质黏土、泥炭土及砾石土的融沉系数与干密度的关系都呈线性负相关性,由此可见,本书得出的结论与该文献的结论一致。开放系统较封闭系统融化后的沉降量要更小些,主要原因是试验条件有外界水源补给,使土体内饱和度增加,冻结时冰晶增长到一定程度会对土体结构单元产生位移,由于孔隙水含量增加,融化时土颗粒间的重组受到限制,融化后体积减小的部分仅为冰转变成水体积减小的部分,因此表现出有补水情况下较无补水情况下的融沉系数要小的现象。

表3-3为含水率24%、冻结温度-4 ℃时,开放与封闭系统条件下融沉系数与干密度

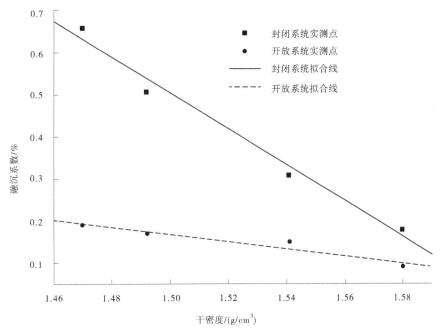

图 3-2 开放(封闭)系统条件下融沉系数与干密度关系线

的线性回归关系式,通过线性拟合的相关系数看,拟合情况良好。土体的冻胀和融沉现象的产生都存在起始冻胀含水率和起始融沉含水率的概念,同样在融沉的过程中也存在起始融沉干密度,文献[41]中认为,当干密度达到某一值时,冻土的融沉系数为零,此时的干密度值就称为起始干密度,通过表 3-3 的线性回归关系式计算,得出该种土质在封闭系统及试验边界条件下的起始融沉干密度为 1.59 g/cm³。

表 3-3 开放(封闭)系统下的融沉系数与干密度的关系

试验系统	参数	关系式	相关系数
封闭	$\omega = 24\%$, $T = -4 \ ℃$	$\alpha_0 = -4.262\,74\rho_d + 6.897\,57$	$R = 0.991\,69$
开放		$\alpha_0 = -0.841\,21\rho_d + 1.429\,28$	$R = 0.961\,94$

3.4 冻融循环对融沉系数的影响

图 3-3 为含水率 20%、干密度 1.49 g/cm³、冻结温度 -9 ℃条件下,土样经过 3 次冻融循环的温度随时间变化的过程曲线,从图 3-3 中可以看出,土样每经历一个冻融循环时,各土层的温度曲线也呈有规律的周期性变化,均为靠近顶板的温度变化最明显,沿着土体高度向下土体内的温度变化随顶板温度变化的影响逐渐减弱。分析其原因,是土样的上端温度与下端温度存在温差,故形成了一定的温度梯度。

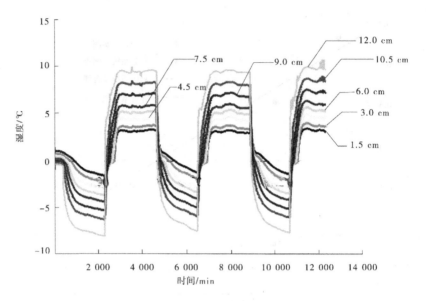

图 3-3　冻融循环温度随时间变化关系曲线

图 3-4 为含水率 20%、干密度 1.49 g/cm³、冻结温度为 -9 ℃条件下,土样经过 7 次冻融循环过程,试样冻胀、融化后的试样高度与冻融循环次数的变化趋势线,试验土样的初始高度为 120 mm。从图 3-4 中可以看出,土体经过多次冻结、融化作用后,随着冻融循环次数的增加,冻胀量在逐渐增加,并且土体在第 3 次及第 4 次冻融循环过程中的冻胀量增加尤为明显,而融沉量在第 3 个冻融循环最大,经过 5 次冻融循环后,冻胀量及融沉量均趋于稳定,土体经过多次冻融循环后的试样高度依然高于试样的初始高度,总体上表现为冻胀的现象。

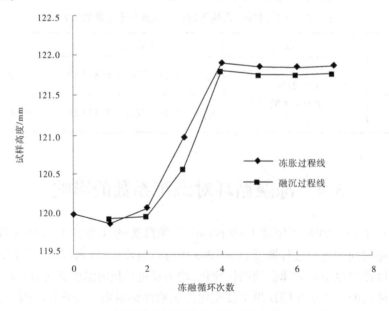

图 3-4　试样冻胀融化高度与冻融循环次数关系曲线

图 3-5 为含水率 20%、干密度 1.49 g/cm³、冻结温度−9 ℃时,土体在不同冻融循环条件下,融沉系数与冻融循环次数的曲线拟合关系。表 3-4 为融沉系数与冻融循环次数的非线性回归分析式。从图 3-5 的拟合情况看,融沉系数与冻融循环次数有较好的指数相关关系。由拟合的关系式看,曲线拟合的相关性较明显。因此,得出的结论是融沉系数随冻融循环次数的增加而增大,并呈较好的指数递增趋势。当土体经过多次冻融循环后,土体保持相对稳定的高度,融沉量趋于稳定,土体经历了由不稳定状态向动态稳定状态发展的一个过程。

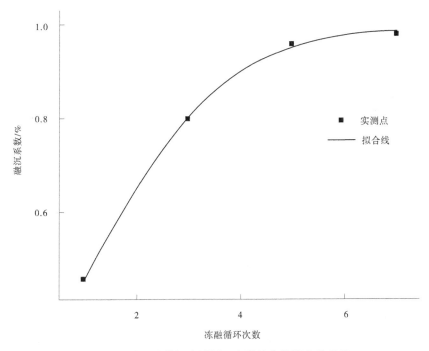

图 3-5　融沉系数与冻融循环次数的曲线拟合关系线

表 3-4　融沉系数与冻融循环次数关系式

指标	参数	关系式	相关性
融沉系数	$\omega = 20\%$, $\rho_d = 1.49$ g/cm³, $T = -9$ ℃	$\alpha_0 = \dfrac{0.996\,26}{1 + e^{[-0.795\,85(n-1.199\,08)]}}$	$R^2 = 0.999$

3.5　温度对融沉系数的影响

3.5.1　土体冻融过程中温度场分析

为研究土样冻融过程中内部的温度变化规律,在试验过程中沿土柱高度每 15 mm 插温度传感器,每 10 min 采集一次数据。图 3-6(a)为试样冻结温度-3 ℃、融化温度为+20 ℃、土体含水率为 21.7%、干密度为 1.58 g/cm³ 条件下;图 3-6(b)为试样冻结温度-9 ℃、融化温度为+20 ℃、土体含水率为 21.7%、系统干密度为 1.58 g/cm³ 的封闭系统条件下,土样经过 1 次冻融循环过程后,试样中心各点温度随时间的变化曲线,由图 3-6 可见:

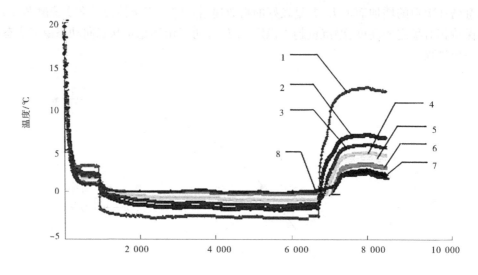

(a)冻结温度-3 ℃

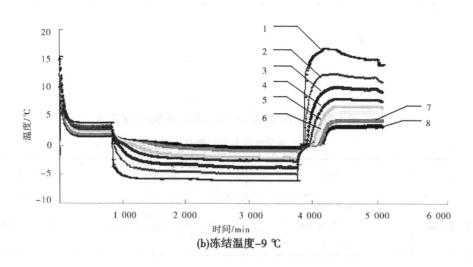

(b)冻结温度-9 ℃

1—距底端 120 mm;2—距底端 105 mm;3—距底端 90 mm;4—距底端 75 mm;5—距底端 60 mm;
6—距底端 45 mm;7—距底端 30 mm;8—距底端 15 mm。

图 3-6 各点温度随时间变化过程曲线

(1)试样由最初的室温迅速降至恒温状态,经过 6 h 恒温后,试样内形成稳定的温度梯度。此后将顶板由恒温状态+1 ℃变负温,试样垂直方向各点温度开始下降,土样内负温由上向下开始传递,顶板温度越低,用的时间越短,越靠近顶板,温度变化越快,距离顶板越远,温度降低所需的时间越长。由图 3-6 可以看出,试样靠近顶板处温度已经处于稳定时,下部各点温度仍在缓慢降低。

(2)随着冷端温度不断向下传递,试样内各层温度趋于稳定,并在这种稳定的温度梯度下保持一段时间,试样中的水分冻结。

(3)试样顶板加热融化时,靠近顶板的土层,温度梯度越大,距离顶板越远,温度梯度越小,热源对其作用越小,融化所需时间越长。在融化阶段,土体内温度上升很快,融化所需时间很短。

图 3-7 为冻结深度随时间的变化过程曲线,从图 3-7 中可以看出,不同的顶端冻结温度下,试样冻结温度为-3 ℃和试样冻结温度为-9 ℃的冻结发展趋势相同,即冻结初期的冻结深度向下发展较快,随着冻结时间的延长,单位时间的冻深减小,试样进入缓慢冻结阶段,当试样内部温度达到平衡状态后,冻结封面停止向下发展,土样处于稳定冻结深度状态。

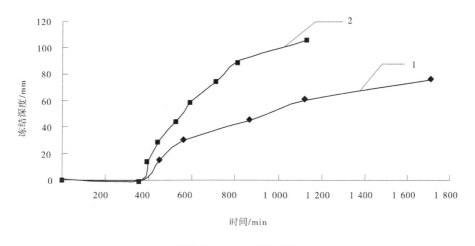

1—冻结温度-3 ℃;2—冻结温度-9 ℃。

图 3-7　冻结深度随时间变化的过程曲线

对比曲线 1 和曲线 2 可以看出,试样冻结温度为-9 ℃的冻结封面,向下发展速度较试样冻结温度为-3 ℃的快。冻结温度为-9 ℃的试样,冻深达到 105 mm 时,土样内的冻结处于稳定状态。冻结温度为-3 ℃的试样,冻深为 75 mm 时,试样内冻结稳定。同时可以总结出,冻结温度愈低,试样达到冻结稳定需要的时间愈短。

图 3-8 为含水率 22%、干密度 1.58 g/cm³ 条件下,冻结温度分别为-3 ℃、-4 ℃、-6 ℃、-9 ℃时的冻胀量随时间的变化过程曲线。图 3-9 为含水率 22%、干密度 1.58 g/cm³ 条件下,冻结温度分别为-3 ℃、-4 ℃、-6 ℃、-9 ℃时的融沉量随时间的变化过程曲线。

从图 3-8 及图 3-9 可以看出,当冻结温度越低时,土的冻胀量越大,同时融沉量也越大。当冻结温度较高时,冻胀量的发生有一个初始不冻胀的过程;而当冻结温度较低时,这一过程很短甚至不存在。在融化时,融化温度都选定为室温 20 ℃条件下融化,从图 3-9 中可以看出,融沉量随着冻结温度的降低而增大,冻结温度越低,需要融化的时间就越长。从试验所得的融沉量随时间的变化图中看,土样从开始融化到融沉稳定的整个过程需要

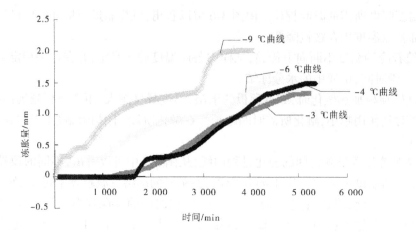

图 3-8　不同冻结温度下冻胀量随时间的变化曲线

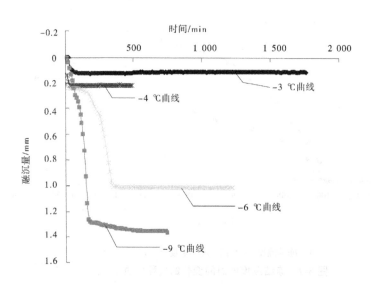

图 3-9　不同冻结温度下融沉量随时间的变化曲线

的时间很短,并且初始融化速率很快,当土体融化后,融沉量趋于稳定。

图 3-10 为封闭系统条件下,含水率为 22%、干密度为 1.58 g/cm³、冻结温度为 -4 ℃时,土体经过一个冻结融化过程的位移变化量与时间的关系曲线,从图中的曲线可以看出,完成一个冻结融化的过程可分为几个阶段:土体的恒温阶段,将土样在 1 ℃恒温状态下恒温 6 h;冻缩阶段,土样在初始施加低温时,会有一个冻缩的过程,主要是由于土颗粒受冷导致的收缩,此时冻胀还没有形成,因此土体体积会缩小,发生了冻缩现象;冻胀快速增长阶段,当冷端温度持续一段时间后,土体内的孔隙水冻结成冰,土体体积快速增大,冻胀量明显增加,冻胀持续时间的长短与冻结温度的高低有关;冻胀稳定阶段,当土体冻胀量在 2 h 内试样高度变化小于或等于 0.02 mm 时,认为冻胀稳定;融化下沉阶段,在土样上端施加热源,让土样保持自上而下单向融化,冻结的冰变成水,体积快速减小,土颗粒结构重新组合,融沉逐渐趋于稳定。

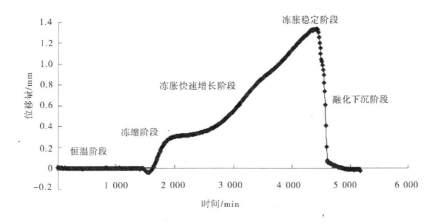

图 3-10　土体冻胀融化过程中变形与时间关系曲线

图 3-11 为冻结温度−4 ℃时,土体经历一个冻融循环后,土样不同高度处的温度实测值。从图 3-11 中可以看出,土中各点的温度在初始冻结时,温度梯度变化较大,主要原因是负温度从土体上端向下端传递,土体中原来的热平衡被破坏,使得土体各层温度发生变化,形成温度梯度。当经历一定时间后,土体内新的温度平衡建立,土体内各层的温度梯度趋于稳定。从实测的各点温度值看,越接近试样顶端,温度变化越明显,而底端变化相对不明显,主要是由于热阻作用使得冷量在传输的过程中与原有的热量相抵消一部分,所以底端的温度变化没有顶端明显。

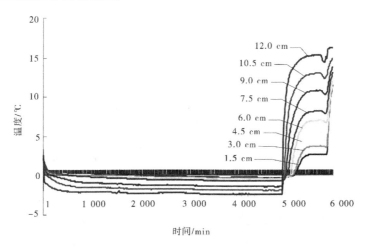

图 3-11　冷端温度随时间的变化过程曲线

3.5.2　融沉系数与温度的关系

图 3-12 为含水率 22%、干密度 1.58 g/cm³ 条件下,冻结温度的变化对融沉系数(冻胀率)的影响关系线。表 3-5 为冻结温度变化对融沉系数(冻胀率)影响的线性回归拟合关系式,本组试验采用封闭系统进行,即无外界补水条件下进行。

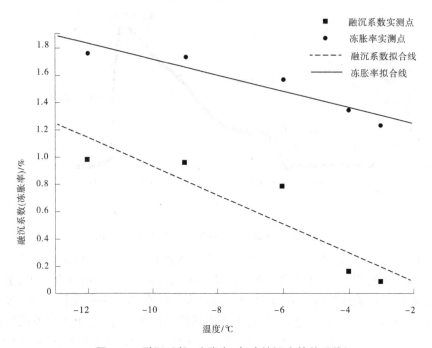

图 3-12　融沉系数(冻胀率)与冻结温度的关系线

表 3-5　融沉系数(冻胀率)与冻结温度的关系式

指标	参数	关系式	相关关系
冻胀率	$\omega = 22\%$, $\rho_\mathrm{d} =$ 1.58 g/cm³	$\eta = 1.13168 - 0.05858T$	$R = 0.944$
融沉系数		$\alpha_0 = -0.011923 - 0.10533T$	$R = 0.89476$

　　通过试验发现,在封闭系统条件下,随着冻结温度的降低,融沉系数增大。其原因在于封闭系统无外界补水,土体产生冻胀主要是原土体中的水冻结成冰,体积增加。当土体冻结时并非所有的水都能冻结成冰,而是存在着一部分未冻水,当冷端温度越低,未冻水的含量就会越少,土体体积的变化量就会越大,融沉系数就会越明显。在相同的试验条件下,冻胀率整体上大于融沉系数,分析其原因主要是与试验所选择的土质有关,由于黏性土颗粒比较小,比表面积大,表面能较大,导水能力很弱,冰融化成水后不易迁移,因此融沉量不大。

3.6　开放条件对融沉系数的影响

　　图 3-13、图 3-14 为含水率 24%、冻结温度-4 ℃、干密度 1.45 g/cm³ 条件下,开放系统与封闭系统的冻胀量、融沉量随时间的变化关系曲线,从图 3-13 中可以看出,冻结初期,

冻胀量随时间的关系是封闭系统的冻胀量较开放系统的冻胀量增长明显,随着冻结时间的延长,封闭系统的冻胀趋于稳定,开放系统的冻胀量继续增长,并在某一时刻开始逐渐大于封闭系统的冻胀量。原因在于当土体有外界水分补给时,增加的水分影响了热阻平衡,阻碍了冻结锋面的向下发展,导致了冻结速度减慢,冻结时间延长。开放系统的土体有外界水源补给,水分在毛细作用下补入土体,使得土体含水率增加,因而冻胀量较大,所以开放系统的冻胀量总体上大于封闭系统的冻胀量。土体在相同条件下融化,开放系统条件下的融沉量小于封闭系统条件下的融沉量,原因是外界水源的补给使得土体融化后孔隙内的自由水增加,增加的水在土颗粒间不能全部排出,因而影响土颗粒结构的重组,所以在有外界水补给时,表现出了融沉量小于封闭系统融沉量的现象。

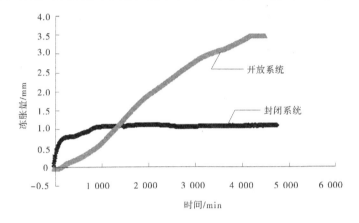

图 3-13　开放与封闭系统下的冻胀量关系曲线

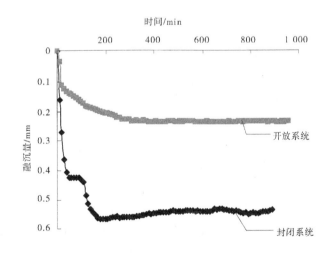

图 3-14　开放与封闭系统下的融沉量关系曲线

图 3-15 为初始条件为冻结温度−4 ℃、含水率 23.9%、干密度 1.49 g/cm³ 的土样,在冻融过程中分别采用封闭系统与开放系统进行冻融试验,对比图 3-15 可以看出,开放系统条件下的冻胀量较封闭系统的冻胀量明显增大,其中封闭系统的冻胀量为 1.48 mm,开放系统的冻胀量为 3.20 mm。融沉量的变化为封闭系统的融沉量大于开放系统的融沉

量,其中封闭系统的融沉量为 0.64 mm,开放系统的融沉量为 0.22 mm。分析其原因为,开放系统因有外界水源补给,水分将不断向冻结锋面迁移,土体中孔隙水的含量增加,因此饱和度增加,负温作用使土体内水相变成冰,体积增加,补入的水量越多,饱和度越大,冻胀量就越大。而在融化过程中,由于土体饱和度的增加,土颗粒间的结构重组受到了限制,因此出现了开放系统融沉量小的现象。

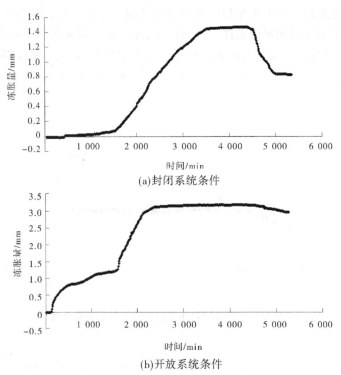

(a)封闭系统条件

(b)开放系统条件

图 3-15 封闭系统与开放系统冻融对比曲线

图 3-16 为初始含水率 24%、冻结温度−4 ℃时,开放系统与封闭系统条件下的冻胀率随干密度变化对比图。表 3-6 为在上述试验条件下的冻胀率与干密度的线性回归拟合线。从图 3-16 中可以看出,冻胀率与干密度的关系线趋势是冻胀率随着干密度的增大而增加,原因可解释如下:未冻的土体一般由固体颗粒、水和空气三相组成,当土体含水率为定值时,土体的密度越大,土颗粒间的距离就越小,土体孔隙中空气的体积减少,土中水的总量不变,但孔隙中水的相对含量增加,因此饱和度就增加,在水相变成冰时,导致土颗粒间的距离增大,土体的冻胀性增大。同理,在一定含水率条件下,干密度减小则孔隙增加,饱和度就降低,当土体冻结时,土体内有充足的孔隙空间容纳水变成冰时增长的体积,土体的冻胀率减小,所以出现了冻胀率随干密度增大而增大的趋势。在相同的干密度及其他试验条件下,开放系统的冻胀率要比封闭系统的冻胀率要大,主要原因是开放系统有外界水源的补给,水分从土体底部不断地向冻结锋面迁移,水分迁移越多,冻胀量越大,融化时体积减少的就越多。从表 3-6 的线性拟合情况看,冻胀率与干密度的线性相关性较好。

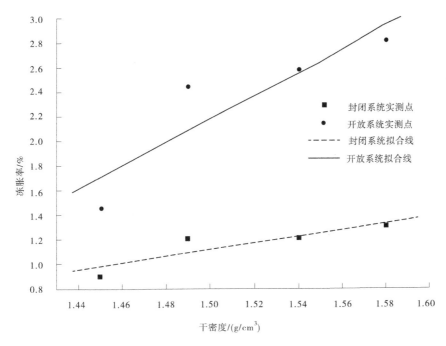

图 3-16　干密度与冻胀率关系曲线

表 3-6　干密度与冻胀率关系式

试验条件	参数	关系式	相关性
封闭系统	$\omega = 24\%$, $T = -4\ ℃$	$\eta = -2.942\ 37 + 2.706\ 19\rho_{\rm d}$	$R = 0.893\ 03$
开放系统		$\eta = -12.090\ 93 + 9.515\ 46\rho_{\rm d}$	$R = 0.897\ 11$

3.7　土体冻融过程中水分迁移特征

　　土体在冻结和融化的过程中会发生水分的重分布现象,即水分迁移现象。土体在冻结过程中的水分迁移可以分为两部分,一部分为冻结锋面处的水分迁移,另一部分为已冻区的水分迁移。冻结锋面处的水分迁移主要是由于非饱和土体内的毛细水和薄膜水作用,使得土体在冻结过程中,由于低温导致冰晶的增长,冰晶的增长夺走邻近的水化膜中的水分,使得水化膜变薄,相邻较近的水化膜向薄的水化膜处补充水分,因此形成了水分向冻结锋面的移动。冻土中水分迁移的驱动力是很复杂的,而且提出的解释也有很多种,目前被广为接受的冻土中水分迁移的驱动力为土水势梯度。为了测定冻土融化后含水率的变化规律,试验过程中,土样两端施加恒温,保证土样单项冻结,冻胀稳定后,顶板温度调为融化温度 20 ℃,并直至融沉稳定。土样在经过一个冻融循环后,将融化的土样自上而下每 20 mm 分一层,每层取适量土样测含水率,分析土样经过冻融循环作用后的水分分布规律。

本节分别对封闭系统条件下含水率为 20%、22% 及开放系统含水率为 24% 的试样进行测试,并将土样沿高度取不同土层测其含水率变化,试验所得含水率分布情况见表 3-7 及表 3-8。

表 3-7　冻土融化后水分迁移特征试验安排

试验系统	初始含水率/%	初始干密度/(g/cm³)	冻结温度/℃	冻融循环次数
封闭系统	20	1.46		
	22	1.58		
开放系统	24	1.45	−4	1
		1.49		
		1.54		
		1.58		

3.7.1　封闭系统条件下水分迁移特征

封闭系统条件下,对土体不提供外界水源补给,对含水率为 20%、22% 的土体进行冻融后含水率重分布测定,水分迁移试验数据见表 3-8。

表 3-8　封闭系统融化后水分迁移特征试验

土样高度/mm	封闭系统含水率分布/%	
	20	22
120	20.9	23.7
96	20.7	23.6
72	19.6	23.4
48	18.2	22.0
24	18.3	19.9

图 3-17 为封闭系统条件下,冻融前含水率为 20%、22% 的土体融化后的水分迁移情况,从图中可以看出,在无外界水源补给情况下,上端土体的含水率较土体初始含水率有所增加,在土体的某一高度处含水率与初始值相同,沿土体向下含水率逐渐降低。在文献[56]中,将冻结的 350 mm 高的重塑土样融化至 180 mm 处,试验得出的融化趋势线与本文得出的趋势相近。从图 3-17 中还可以看出,土样的初始含水率为 22%,经过一次冻融循环后,100~120 mm 处土层的含水率增加至 23.7%,并且沿着土样向下含水率逐渐减小,在土样高度 50 mm 附近含水率接近初始含水率,50 mm 以下含水率仍在逐渐降低,并小于初始含水率。试样在 0~20 mm 高度处含水率降为 19.9%,原因是土样在冻结的过程中,顶板温度为负温,土体由上部开始向下冻结,冻结锋面向下发展,未冻区的水分向冻结锋面迁移积聚,冻结区未冻水的含量减少,未冻结区的含水率相对冻结区含水率较大,因此形成了水势梯度。由于冻结区的未冻水势能小于未冻区水的势能,故水分在水势梯度下会从未冻区向冻结区迁移,导致未冻区水分的减少。当土体从上部向下融化时,由于冻结面由上端的暖端逐渐向下推移,正融土中已冻水融化成未冻水,体积减小,形成真空,但下部土体处于冻结状态,水分无法向上补给,因此土样出现了融化后上端含水率大于底层含水率的现象。

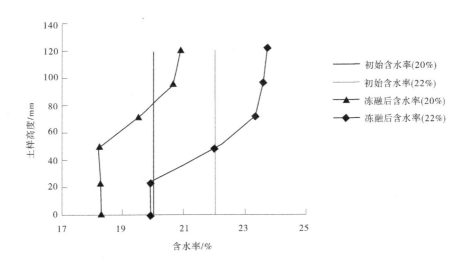

图 3-17　封闭系统不同含水率下水分迁移情况

3.7.2　开放系统条件下水分迁移特征

对含水率为 24% 的土体在冻融试验过程中进行补水试验,土体的干密度分别为 1.45 g/cm³、1.49 g/cm³、1.54 g/cm³、1.58 g/cm³,试验结果见表 3-9。

表 3-9　开放系统不同干密度下的水分迁移特征

土样高度/ mm	开放系统融化后含水率分布情况/%			
	1.45/(g/cm³)	1.49/(g/cm³)	1.54/(g/cm³)	1.58/(g/cm³)
120	30.55	27.3	26.9	24.05
108	30.40	27.3	26.4	24.83
96	30.25	27.9	26.1	25.35
84	29.60	27.1	25.6	25.02
72	29.20	26.3	25.3	24.75
60	28.65	25.0	24.8	23.90
48	27.90	24.8	24.6	23.30
36	27.10	24.6	23.5	22.60
24	26.25	24.5	23.0	21.70
12	25.31	24.2	22.5	20.90

　　图 3-18 及表 3-9 为开放系统条件下,初始含水率 24%、冻结温度为 -4 ℃、不同干密度的土体融化后的水分分布情况。从图 3-18 及表 3-9 可以看出,土体在开放系统有外界水源补给,而干密度不同的情况下,土体融化后水分迁移规律依旧是上端含水率大于下端的含水率。由于干密度的不同,导致融化后土体的含水率有所不同。土体的初始干密度为 1.58 g/cm³、1.54 g/cm³ 的试样,实测的融化后的含水率分布为土体下端含水率小于土体的初始含水率;干密度为 1.58 g/cm³ 的试样,土体在 60 mm 高的上端含水率大于初始含水率;干密度为 1.54 g/cm³ 的试样,土体在 40 mm 高以上含水率大于初始含水率,水分分布情况与封闭体系的相似。干密度为 1.49 g/cm³、1.45 g/cm³ 的试样,经过冻融过程后的土体整个土柱的含水率均大于初始含水率。原因在于土体的干密度越大,土体内的有效孔隙就越少,水分迁移的通道被封堵,水分积聚的空间就越少,因此水分的迁移量受到限制,水分补给量不大,水分迁移情况近似封闭系统。当土体的干密度较小时,土颗粒之间孔隙通道通畅,并且有充足的空间容纳迁移过来的水分,故在水分迁移的作用下使得整个土体的含水率都高于土体的初始含水率。由此得出结论,干密度的大小也是水分迁移的一个重要影响因素。

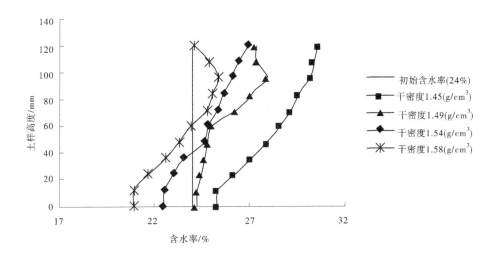

图 3-18　开放系统不同干密度情况下水分迁移情况

3.7.3　冻结温度对水分迁移的影响

为研究粉质黏土在不同冻结温度情况下的水分迁移特性,在试验的过程中保持试样单向冻结,并控制不同试样的冻结温度分别为-3 ℃ 、-6 ℃ 和-9 ℃,试样冻结稳定后测得不同土层的含水率分布情况。图 3-19 为试验过程中不同冻结温度条件下的水分迁移量随试样高度变化的过程曲线。

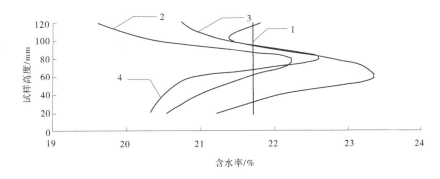

1—初始含水率 21.74% ;2—试样 1 冻融后含水率;3—试样 2 冻融后含水率;4—试样 3 冻融后含水率。

图 3-19　不同冻结温度下的水分迁移曲线

粉质黏土在不同的顶板冻结温度条件下对水分迁移产生了影响,表现为靠近试样的底部,冻融后的含水率较初始含水率均减少;在试样中间部分的某一区域,冻融后的含水率较初始含水率明显增加;而在试样的底部土体经过冻融后的含水率又出现了小于初始含水率的趋势,并且顶板的冻结温度愈高,试样顶部含水率的减小量愈显著。分析其原因为土体单向冻结时,冷源由上端向下传递,冻结温度愈高,土体内温度梯度愈小,冻结锋面在该土层向下前进的过程愈缓慢,土体中的未冻水可以充分的向冻结锋面迁移,对土体内冻结层冰晶的生长更有利,当冻结锋面已经稳定时,此时水分迁移仍继续,导致在土体中间的某一部位出现了冰透镜体,此区域即是试样含水率出现最大值的区域。冻结温度愈低,出现的结果与上述相反,冻结锋面向下移动迅速,水分来不及迁移,多发生原位冻结。

3.7.4　不同初始含水率条件下水分迁移分析

试样在相同的顶端冻结温度-6 ℃、不同的初始含水率时,经冻融稳定后,测得含水率分布曲线如图 3-20 所示。从测得的试验数据看,不同初始含水率的土体经过冻结后的含水率分布趋势基本相同,表现为试样上部含水率较初始含水率增加,而试样底端的含水率较初始含水率较小。当土体的初始含水率为 20.2% 时,试样顶端含水率增加 0.7%,底端含水率减小 2%,距离底端 90 mm 处含水率接近初始含水率。初始含水率为 23.6% 的试样,经过冻结后,顶端含水率增加较明显,增加 3.3%,底端减小 0.9%,在距离底端 30 mm处含水率与初始含水率相同。因此,粉质黏土在非饱和状态下,含水率愈大,水分的重分布现象愈明显。

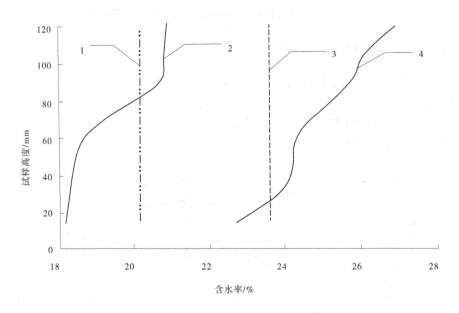

1—试样 4 冻结前水分分布;2—试样 4 冻结后水分分布;3—试样 5 冻结前水分分布;
4—试样 5 冻结后水分分布。

图 3-20　不同含水率条件下水分迁移曲线

产生上述现象是冻结过程中试样下部的水分向顶端迁移的结果。冻土中水分迁移量的源动力与冻结锋面的前进速度及温度梯度有关,而冻结锋面的前进速度又与土中含水率的多少及冷端的冻结温度有关。相同的冻结温度条件下,当土体中的含水率较大时,由于水的比热容比土大且含水率高,冻结向下推进的缓慢,给试样底端土体中的水分留有充分的迁移时间,故相同试验条件下含水率大,底端水分向顶端迁移量大。

3.7.5　干密度变化对水分迁移的影响

在其他试验条件不变的情况下,通过控制土体的干密度,分析试样经过冻融作用后的含水率重分布情况。试验过程中控制顶板的冻结温度为-4 ℃、初始含水率为23.9%,测定试样冻结融化稳定后其内部含水率分布情况,测试结果的分布曲线见图3-21。从水分分布曲线看出:干密度最小的试样,其内部含水率变化最大,试样顶端含水率较初始含水率增加1.35%,底端含水率较初始含水率降低2.6%,经冻融循环后顶端与底端的含水率相差3.95%。干密度为1.54 g/cm³ 的试样,靠近试样顶端含水率变化不明显,而在试样的底端,冻结后的含水率较初始含水率减小1.2%,在试样高度为90 mm 处附近,含水率出现了最大值,较初始含水率增加了0.2%。说明干密度愈小,土体的水分迁移量愈大,水分重分布愈明显。

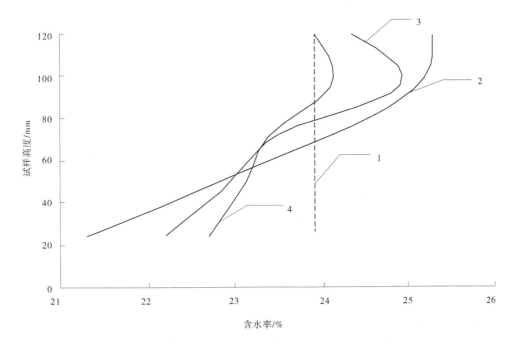

1—初始含水率23.9%;2—试样 6;3—试样 7;4—试样 8。

图 3-21　不同干密度土体水分迁移分布曲线

土体随着干密度的变化,出现含水率变化的原因在于干密度的变化引起了土体内部孔隙的变化。当干密度较小时,土体内部孔隙空间相对较大,土中有足够的水分迁移通道,让外界水源在孔隙通道中流动补入水分,并积聚迁移的水分,使得整个试样的含水率均大于初始含水率;相反,当土体的干密度较大时,土体越密实,水分迁移通道不畅,水分迁移量减小。

3.8　冻胀特性试验分析

3.8.1　含水率对冻胀率的影响

　　图 3-22 为干密度 1.54 g/cm³、冻结温度为 −6 ℃、含水率分别为 20.2%、21.52%、23.6% 和 27.5% 时冻胀量随时间变化过程曲线。从图 3-22 中可以看出,土体在单向冻结温度场中产生冻胀变形,试验中含水率为唯一变量,其他冻胀条件不变的情况下,其冻胀量随冻胀时间的延长而增大。土体在冻结初期,冻胀量均不明显。经过冻结初期,土体冻结进入了稳定区,在此区内冻胀量变化较明显,其中以含水率为 27.5% 的土样冻胀现象体现最早、冻胀量最大。土体的冻胀量增大到某一值时趋于稳定。分析其原因,主要是由于含水率增大,土体冻结时冰析出量大,使得土体颗粒之间发生较大的位移变形。

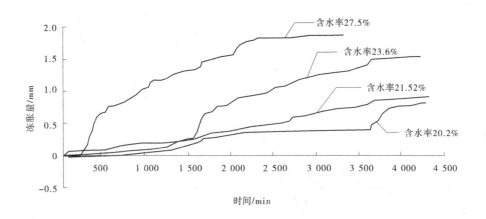

图 3-22　不同含水率情况下的冻胀量随时间变化过程

　　图 3-23 为不同含水率与冻胀率的回归关系图。从图 3-23 中可以看出,在干密度及冻结温度不变的情况下,土的冻胀率随着含水率的增加而增大。冻胀率与含水率基本呈一元线性相关关系,且相关性较好。本试验的拟合曲线(见表 3-10)也验证了土体存在一个起始冻胀含水率,只有土体的初始含水率超过这一值后才会出现冻胀现象。根据分析,该种土的起始冻胀含水率为 14.8%。

表 3-10　冻胀率与含水率的拟合关系式

指标	参数	关系式	相关系数
冻胀率	$\rho_d = 1.54$ g/cm³, $T = -6$ ℃	$\eta = 0.121\,19\omega - 1.792\,53$	$R^2 = 0.9$

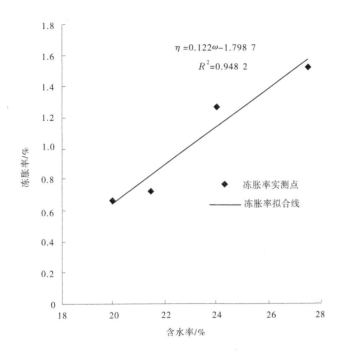

图 3-23　冻胀率与含水率关系

3.8.2　冻结温度对冻胀率的影响

图 3-24 为不同温度梯度的冻融过程曲线,其中图 3-24(a)为试样冻结状态下顶板温度控制为-3 ℃、含水率为 21.71%、干密度为 1.58 g/cm³ 的封闭系统条件下冻胀融沉量过程线;图 3-24(b)为冻结温度控制为-9 ℃、底板温度均为+1 ℃、含水率为 21.71%、干密度为 1.58 g/cm³ 的封闭系统条件下冻胀融沉量过程线。(a)试样顶板与底板温差为 4 ℃,(b)试样的顶板与底板温差为 10 ℃,由温度梯度计算公式,计算得出试样(a)和(b)的温度梯度分别为 0.33 ℃/cm 和 0.83 ℃/cm。融化过程中,融化温度为 20 ℃,试验过程中根据《冻土工程地质勘查规范》(GB 50324—2014),对封闭系统,冻胀量读数 1 h 不变,认为冻胀结束;土样融沉阶段,融沉变形量在 2 h 内小于 0.02 mm 时,认为融沉达到稳定状态。

从图 3-24 中可以看出,冻结温度为-3 ℃的试样,冻胀量为 2.19 mm,冻结温度为-9 ℃的试样,冻胀量为 1.50 mm,最大融沉量分别为 1.24 mm 和 0.11 mm。前者的最大冻胀量较后者大 0.69 mm,前者的最大融沉量较后者大 1.13 mm。出现这种现象的原因是封闭系统条件下,冻胀量的产生主要是土体内水分由未冻层向冻结层迁移并冻结(分凝冻胀)所造成的,当冻结温度较高时,冻结封面处的冻结温度愈高,冻结封面向下发展愈缓慢,水分向冻结封面迁移愈多,有利于分凝冻胀的产生,因此冻结温度愈高,冻胀量就愈大,相应的融沉量就越大。冻胀率与冻结温度的拟合关系式见表 3-11。

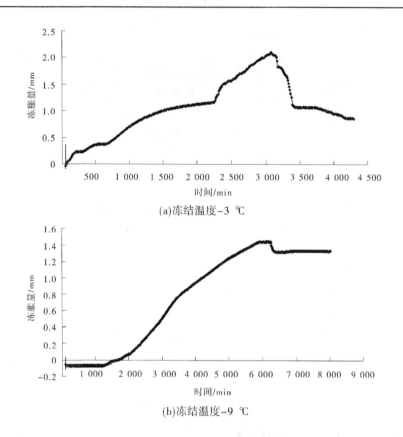

(a)冻结温度-3 ℃

(b)冻结温度-9 ℃

图 3-24   不同温度梯度冻融曲线

表 3-11   冻胀率与冻结温度的拟合关系式

指标	参数	关系式	相关关系
冻胀率	$\omega = 22\%$, $\rho_d = 1.58 \text{ g/cm}^3$	$\eta = 1.131\,68 - 0.058\,58T$	$R^2 = 0.891\,1$

图 3-25 为含水率 21.7%、干密度 1.58 g/cm³ 的试样,在不同冻结温度情况下的冻胀量随冻结时间的发展过程曲线。由图 3-25 可以看出,在初始条件相同的情况下,冻胀量随着冻结温度的降低冻胀量逐渐增大,并且冻结温度越低,土样冻胀量出现最早。原因在于冻结温度愈低,吸附在土颗粒表面的弱结合水冻胀越多,土体内的冰透镜体填充了土颗粒孔隙,使土体体积增大,冻胀量增加。

图 3-26 为冻胀率与冻结温度的拟合关系线。本试验的拟合关系式见表 3-11。从图 3-26 中可以看出,冻胀率随冻结温度的降低而增大,且拟合度较好。

3.8.3   干密度对冻胀率的影响

图 3-27 为含水率 23.9%、冻结温度-4 ℃情况下,不同干密度的冻胀量随时间变化过

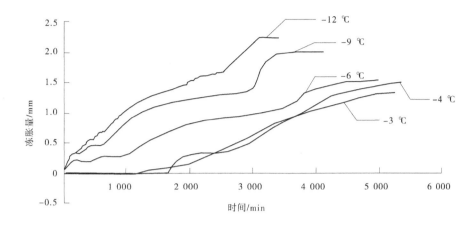

图 3-25 不同冻结温度下的冻胀量与时间关系

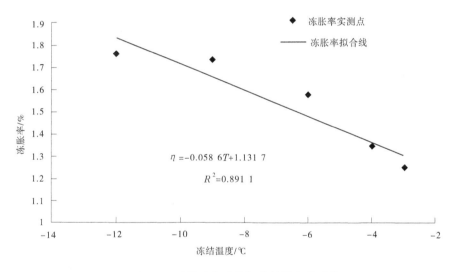

图 3-26 冻胀率与冻结温度的拟合关系线

程线。如图 3-27 所示,干密度为 1.58 g/cm³ 时土体的冻胀量随时间发展较滞后,但总体冻胀量较大;而干密度为 1.45 g/cm³ 的土体,冻胀量出现的最早,冻胀量在 4 种干密度中最小。

图 3-28 为冻融过程中干密度对冻胀量的影响曲线。图 3-28 中两试样的含水率均为 23.9%。试样 1 为冻结温度 -4 ℃、含水率 23.9%、干密度 1.45 g/cm³ 的试样,其冻胀率为 0.91%,融沉系数为 0.66%;试样 2 为冻结温度 -4 ℃、含水率 23.9%、干密度 1.58 g/cm³ 的试样,其冻胀率为 1.31%,融沉系数为 0.18%。后者较前者冻胀率大 0.4%,而融沉系数则是后者较前者小 0.48%。由此得出干密度大,冻胀率大,融沉系数小,融沉系数与干密度呈负相关性。原因是土体的干密度越大,土的黏聚力越大,融化后土体抵抗融沉的作用力越大,因此土体经过了一个冻融循环后,总的冻胀量大于融沉量,土体总体表现出冻

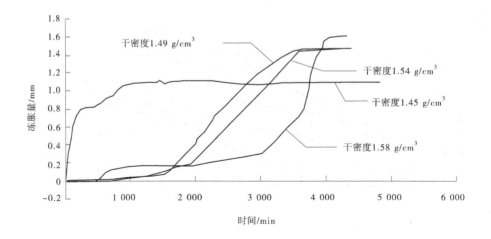

图 3-27　不同干密度下的冻胀量与时间关系

胀的现象,所以说干密度对土体的冻胀和融沉影响较大。杨成松等研究发现,当土体经过了一个冻融循环后,初始干密度大的土体冻融后干密度变小,而干密度小的土体冻融后干密度变大,经过多次冻融循环后,最终趋于稳定值。

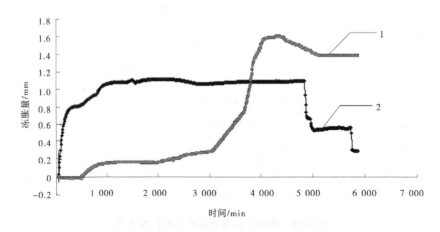

1—干密度为 1.45 g/cm³;2—干密度为 1.58 g/cm³。

图 3-28　冻融过程中干密度对冻胀量的影响

　　图 3-29 是干密度与冻胀率的拟合关系线。如图 3-28 所示,冻胀率随着干密度的增加而增大。土体干密度增加,土体中的孔隙体积减小,在含水率不变的情况下,其饱和度增加。当土体密度较小时,土体内有较多的孔隙可以承受水变成冰膨胀的体积,因此冻胀量减小,冻胀率低;当土体密度增加,土体内孔隙减少,水冻结成冰后对土颗粒骨架有分离作用。冻胀率与干密度的拟合关系线式见表 3-12。

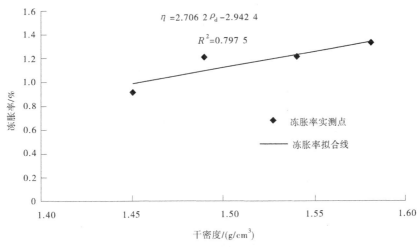

$$\eta = 2.706\ 2\rho_d - 2.942\ 4$$

$$R^2 = 0.797\ 5$$

图 3-29　冻胀率与干密度的关系

表 3-12　冻胀率与干密度的拟合关系式

指标	参数	关系式	相关关系
冻胀率	$\omega = 23.9\%$, $T = -4\ ℃$	$\eta = 2.706\ 2\rho_d - 2.942\ 4$	$R^2 = 0.797\ 5$

3.9　冻结深度与冻胀量对比及融化深度与融沉量对比分析

为测定土体在相同的干密度、含水率及冻结温度条件下,冻胀量、冻结深度、融沉量、融化深度与时间的关系,本书采用干密度为 1.58 g/cm³、含水率为 22%、冻结温度为-9 ℃的试验结果进行对比分析。图 3-30～图 3-33 分别为冻结深度、冻胀量、融化深度及融沉量随时间的变化过程曲线。

如图 3-30、图 3-31 所示,土体在初始冻结时,冻结锋面向下推进的比较快,但冻胀量并不大,并且会出现短暂的冻缩现象,主要原因是在初始冻结时发生的是原位冻胀,土体内不发生水分迁移,短时间出现了热胀冷缩现象。当经历一段冻结时间后,冻结速率依旧增长,但增长趋势比较平稳,没有初始冻结时的速率大,而此时的冻胀量开始明显增大,土体内开始有水分迁移,冰分凝开始形成。冻结速率经过缓慢增长后,土体已经基本冻透整个土柱,负温度在整个土体内已经形成,冻结速率曲线趋于平稳阶段,但从图 3-31 中可以看出冻胀量却没有停止,仍有明显的冻胀量在增长。原因在于,土中的水是由强结合水、弱结合水以及自由水组成的,在起初冻结时并不是所有的水都冻结,土体周围的水仍有未冻水的存在,随着冷端温度的不断向下传递,土体内未冻水的含量在减少,冻胀量在增加,这也解释了在无外界水源补给的情况下,温度越低冻胀量越大的原因所在。

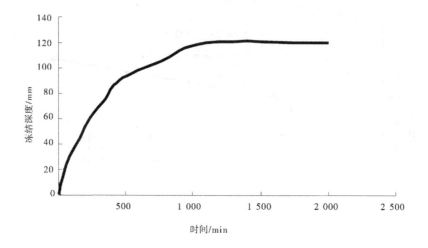

图 3-30　冻结深度随时间的变化关系曲线

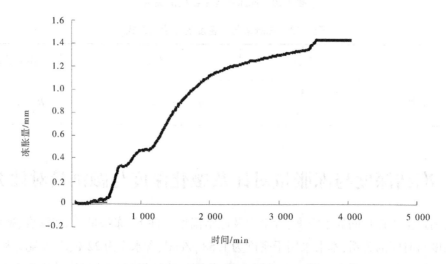

图 3-31　冻胀量随时间的变化关系曲线

　　同样,为了对比融化速度、融化深度与时间的关系,本书仍选择在含水率为 22%、干密度为 1.58 g/cm³、冻结温度为−9 ℃的条件下进行分析。如图 3-32、图 3-33 所示,土体在融化过程中,大部分融沉现象的发生都在初始融化阶段,该阶段融化下沉很快,主要是由于在初始融化时,冰的相变使得体积减小而引起下沉;另外一个原因是土在自重的作用下土颗粒重组,引起土体的下沉。这一明显融沉现象的发生时间段,基本在土体全部融化前就结束,当土体全部融化时,融沉量已经趋于稳定,没有热融下沉,只是靠自重的作用在发生微小的沉降变形。

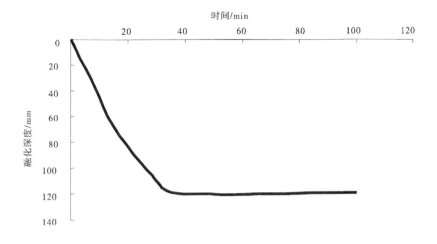

图 3-32　融化深度随时间的变化关系曲线

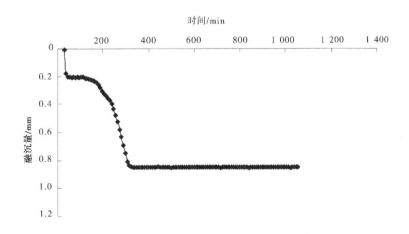

图 3-33　融沉量随时间的变化关系曲线

3.10　冻胀融沉正交试验结果分析

3.10.1　冻胀正交分析

影响土体冻胀率的因素有很多,本书针对含水率、干密度、冻结温度与冻胀率的关系做了单因素试验分析,为了确定上述各因素对冻胀率影响程度的大小,进行了正交试验,试验安排见表 3-13。

表 3-13　正交试验数据

试验编号	含水率/%	干密度/(g/cm³)	冻结温度/℃	冻胀率/%
23	20	1.45	−4	0.48
24	20	1.49	−6	0.54
25	20	1.54	−9	0.62
26	22	1.45	−9	0.95
27	22	1.49	−4	0.69
16	22	1.54	−6	0.73
28	24	1.45	−6	0.96
29	24	1.49	−9	1.76
8	24	1.54	−4	1.21
T_{j1}	0.55	0.80	0.79	—
T_{j2}	0.79	1.0	0.74	—
T_{j3}	1.31	0.85	1.11	—
R_j	0.76	0.20	0.37	—

注:T_{jk} 表示第 j 列因素水平的融沉系数平均值($k=1,2,3$);R_j 表示第 j 列因素的极差,即 $R_j = T_{jmax} - T_{jmin}$。

通过表 3-13 的数据结果可知,含水率为 24%、冻结温度为 −9 ℃、干密度为 1.49 g/cm³ 的情况下,土体的冻胀率达到最大,影响该种土的冻胀率大小的顺序为含水率>冻结温度>干密度,即土体的冻胀率大小与含水率的关系最为密切。

3.10.2　冻胀率多元回归分析

自然界中的冻土往往是在多因素共同作用下发生冻融现象的,为分析含水率、冻结温度和干密度三因素对冻胀率的综合影响,利用 spss 统计分析软件,进行了多元线性回归分析,得出三元线性回归模型:

$$\eta_0 = -8.943 + 0.141\omega + 4.270\rho_d - 0.062T \tag{3-3}$$

式中　η_0——冻胀率(%);

ω——含水率(%);

ρ_d——干密度，g/cm³；

T——冻结温度，℃。

该模型调整后的 R^2 为 0.700、F 为 16.570 说明拟合精度较高。将冻胀试验得到的实测值代入式(3-3)的模型中,计算出冻胀率的回归拟合值,将拟合值与实测值进行对比。绘制在图 3-34 上,由图可见拟合度较好,因此该模型可以应用。

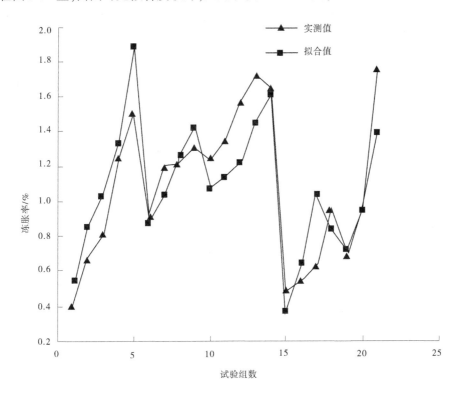

图 3-34　实测点与拟合点冻胀率对比

3.10.3　融沉正交分析

影响土体融沉量大小的因素有很多,本书在试验的过程中选择了含水率、干密度、冻结温度及冻融循环次数为影响因素,并做了大量的单因素试验,为了综合考虑各因素对融沉系数的影响程度的主次关系,本书对上述影响因素进行了正交试验,正交试验共进行了9 组,在这 9 组正交试验中设置冻融循环次数固定为 1 次,选择含水率、干密度及冻结温度为正交试验的影响因素,试验安排见表 3-14。

表 3-14　正交试验数据

试验编号	含水率/%	干密度/(g/cm³)	冻结温度/℃	融沉系数/%
23	20	1.45	−4	0.44
24	20	1.49	−6	0.37
25	20	1.54	−9	0.32
26	22	1.45	−9	0.78
27	22	1.49	−4	0.65
16	22	1.54	−6	0.61
28	24	1.45	−6	1.42
29	24	1.49	−9	1.39
8	24	1.54	−4	0.31
T_{j1}	0.38	0.88	0.47	——
T_{j2}	0.68	0.80	0.80	——
T_{j3}	1.04	0.41	0.83	——
R_j	0.66	0.47	0.36	——

注: T_{jk} 表示第 j 列因素水平的融沉系数平均值($k=1,2,3$), R_j 表示第 j 列因素的极差,即 $R_j = T_{jmax} - T_{jmin}$。

通过表 3-14 中的数据结果可知,影响该种土融沉系数影响因素的主次顺序为含水率最大,干密度次之,冻结温度对融沉系数的影响为三者中最小。即土体的融沉量大小与含水率的关系最为密切,含水率越大,融沉系数越大。从表 3-14 中可以看出,当含水率为 20%时,平均融沉系数为 0.38%;当含水率为 24%时,平均融沉系数为 1.04%,极差为 0.66;融沉系数随干密度的增大而减小,从表 3-14 中同样可以看出干密度影响因素下的极差为 0.47;冻结温度对融沉系数的影响在三者中最弱,极差为 0.36。通过表中的试验结果发现,当含水率为 24%、干密度为 1.45 g/cm³、冻结温度为−6 ℃时的融沉系数最大。

3.10.4　融沉多元回归分析

通过单因素试验的研究结果,得出了含水率、干密度、冷端温度及冻融循环次数各因素对融沉系数的影响,并分别建立了相关关系式。为了分析各因素对融沉系数的综合影响,因此需要建立多因素对融沉系数影响的回归关系式,本书利用 spss 统计分析软件,对多因素影响下的融沉系数建立了多元线性回归模型。模型在建立时,影响因素控制为:含水率 18%～27%,干密度控制在 1.45～1.58 g/cm³,冻结温度控制在 −3～−12 ℃,冻融循环控制在 1～7 次的条件下。融沉试验结果见表 3-15。

表 3-15　融沉试验结果

试验编号	含水率/%	干密度/(g/cm³)	冻结温度/℃	冻融循环次数	融沉系数/%
1	21.71	1.585	−3	1	0.090
2	21.71	1.586	−4	1	0.165
3	21.71	1.576	−6	1	0.790
4	21.71	1.585	−9	1	0.960
5	21.71	1.580	−12	1	0.980
6	23.9	1.450	−4	1	0.660
7	23.90	1.492	−4	1	0.510
8	23.90	1.541	−4	1	0.310
9	23.90	1.580	−4	1	0.180
10	18.00	1.540	−6	1	0.440
11	20.20	1.540	−6	1	0.570
12	21.510	1.540	−6	1	0.610
13	23.60	1.540	−6	1	1.320
14	27.50	1.540	−6	1	1.570
15	20.20	1.490	−9	1	0.460
16	20.20	1.490	−9	3	0.840
17	20.20	1.490	−9	5	0.890

续表 3-15

试验编号	含水率/%	干密度/(g/cm³)	冻结温度/℃	冻融循环次数	融沉系数/%
18	20.20	1.490	−9	7	0.910
19	20.20	1.455	−4	1	0.440
20	20.20	1.490	−6	1	0.370
21	20.20	1.540	−9	1	0.320
22	21.51	1.450	−9	1	0.780
23	21.51	1.492	−4	1	0.650
24	23.60	1.449	−6	1	1.420
25	23.90	1.500	−9	1	1.390

根据表 3-15 的试验数据,利用 spss 进行多元线性回归分析,最终建立回归模型,见式(3-4)。

$$\alpha_0 = 0.027 + 0.133\omega - 1.904\rho_d - 0.093T + 0.022N \tag{3-4}$$

式中　α_0——融沉系数(%);

　　　ω——含水率(%);

　　　ρ_d——干密度,g/cm³;

　　　T——冻结温度,℃;

　　　N——冻融循环次数。

表 3-16 为封闭系统条件下的多元线性回归分析的方差分析表。

表 3-16　方差分析表

方差来源	平方和	自由度	均方	F
回归分析	2.422	4	0.605	7.732
残差	1.566	20	0.078	—
总和	3.988	24	—	—

相关系数 $R = 0.779$,在置信度为 0.95 时,$F = 7.732 > F_{0.05}(4,20) = 2.87$,说明封闭系统条件下的线性回归模型拒绝了无显著性假设,含水率、干密度、冻结温度、冻融循环次数

对粉质黏土的融沉系数有显著的影响。

图 3-35 为将表 3-15 中的含水率、干密度、冻结温度及冻融循环次数的实测值代入式(3-4),计算出融沉系数的回归拟合值,将计算的拟合值与实测的试验值进行对比。如图 3-33 所示,实测值与预测值存在误差,但总体上拟合得较好,因此该模型可以应用。

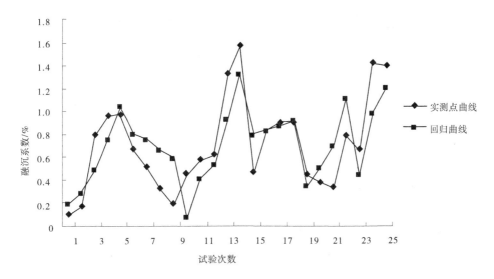

图 3-35　实测点与拟合点融沉系数对比

3.11　本章小结

本章主要通过单因素试验和正交试验,对影响土体融沉系数的影响因素进行了数据分析,结论如下:

(1)通过不同的冻结温度试验数据分析得出:在试验温度范围-3～-12 ℃内,融沉系数的变化随着冻结温度的降低而增大,且呈较好的线性关系。含水率对融沉系数的影响规律为:融沉系数随含水率的增加而增大,并得出该种土的起始冻胀含水率为 14.8%,起始融沉含水率为 16.9%。本书在研究干密度对融沉系数的影响规律中,分别做了相同条件下的开放系统和封闭系统的试验,得出结论:无论是开放系统还是封闭系统,融沉系数都随着干密度的增大而呈线性减小趋势,同时确定该种土质在含水率为 24%、冻结温度为-4 ℃时的起始融沉干密度为 1.59 g/cm³。冻融循环次数对融沉系数的影响规律为:冻融循环次数与融沉系数的关系为非线性指数相关,且具有较好的相关性,土体的融沉系数随冻融循环次数的增加而增大,当土体经过 5 次冻融循环后融沉系数趋于稳定。

(2)通过开放与封闭系统试验对比发现,开放系统的冻胀量总体上大于封闭系统的冻胀量,土体在相同条件下融化,开放系统条件下的融沉量小于封闭系统条件的融沉量。分析土体冻融后水分迁移特征发现,无论是开放系统还是封闭系统,土体融化后水分迁移规律都是上端含水率大于下端的含水率。土体经过冻结后,土中原位水发生迁移,总体趋势是底端水分向顶端迁移积聚,土中水分迁移量的多少是影响土体冻胀特性的主要原因。

土体单向冻结时,不同的顶板冻结温度情况下,土体中的水分迁移变化趋势基本一致,温度愈低,水分迁移量相对愈小。在顶端冻结温度及干密度相同条件下,含水率对水分迁移的影响也呈一定的规律性,总体表现为上部含水率较初始含水率增加,下部土体含水率较初始含水率减小,并且含水率愈高,水分迁移量愈大。不同初始干密度的试样,冻结融化后的水分迁移随干密度的增加而减小。干密度小的土体,水分迁移效果明显。

(3)通过正交试验得出:通过单因素试验分析,得出粉质黏土的冻胀特性与含水率、干密度、冻结温度有较好的线性相关性,并表现为冻胀率随含水率的增加而增大,随冻结温度的降低而增大,随干密度的增大而增大。对粉质黏土进行了含水率、冻结温度和干密度三因素的正交试验,确定上述三因素对冻胀率影响的主次关系为含水率最大、冻结温度次之、干密度最小。应用 spss 统计分析软件,建立了三因素综合作用下土体的冻胀率回归模型,模型拟合度较好,可应用于实际工程中的冻胀率预测。影响该种土融沉系数影响因素的主次顺序为含水率最大,干密度次之,冻结温度对融沉系数的影响为三者中最小。最后根据各因素的综合影响试验数据,建立多因素影响条件下的融沉系数回归模型,经与实测值对比,发现拟合情况较好。

第 4 章　季节冻土的微观结构特征

季节冻土经过了冬季冻结、夏季融化的反复冻融作用后，宏观上的结构特性和力学性质发生改变，表现为土体颗粒内部结构重组及土体颗粒间的联结力受到破坏。微观上表现为土体颗粒间的排列方式、结构单元的大小、形状及孔隙结构的改变。土体的微观结构特征是一个复杂的系统，包括结构单元体的大小、表面特征、孔隙的大小与形状、空间排列及连结方式等，土体处于不同的环境条件下，其系统特征是变化的，因此对土的微观系统结构的变化特性进行研究能更好地反映出土体的存在状态及形式。土体微观结构的研究是冻土研究的一项重要内容，它反映了土体的物理特征、力学性质及冻融后的结构变化情况。国内外学者通过大量试验研究发现，对土体的微观结构研究仅从定性的宏观力学性质分析是不够的，应从定量的角度来描述土体的微观结构变化特征。目前，光学显微镜、X 射线衍射技术、扫描电镜（SEM）等技术为土体微观结构的定量研究提供了有效的方法。通过上述方法的定量研究，得出了有价值的理论成果，为岩土微观结构的研究起到了推动作用。但如何从 SEM 图像中提取土体的真实信息，以及开展提取后的定性和定量分析，都避免不了受到多种人为和客观因素的影响，使研究结果与实际存在偏差。对膨胀土体微观结构的研究，目前采用压汞法和物理化学分子吸附的方法，研究膨胀土体改性前后的微观结构变化，得出了新的理论认识。土体的微观结构研究分为定性研究和定量研究，本次研究针对粉质黏土，利用电子显微镜，对土体的微观结构进行了定性的研究，通过 X 射线衍射（XRD）及氮气吸附（BET）进行了土体未冻结、冻结、融化三种不同状态下的试验研究，对土体矿物成分及在不同冻结状态下的微观结构变化进行了定量分析。目的在于考察不同冻结状态下冻融作用对粉质黏土表面孔隙结构的影响规律。

4.1　季节冻土的物质组成

自然界中的非饱和土体一般是由土颗粒、水和空气组成的三相体，当土体遇到负温后，土体中的部分水会转变成冰，此时的土体就变成土颗粒、水、冰和空气组成的四相体。在四相体中，冰和土颗粒共同构成了土体的骨架。土体的物质组成包括三个方面，分别是粒度成分、矿物成分和化学成分，上述三方面的变化对冻土的冻结融化有着直接的影响。

4.1.1　土的颗粒成分分析

本书针对所选的土质，采用筛分法和密度计法进行了颗粒分析试验，试验过程中加分散剂 4% 六偏磷酸钠溶液 10 mL，得到颗粒分析累积曲线见图 4-1，各级粒径百分含量见表 4-1。

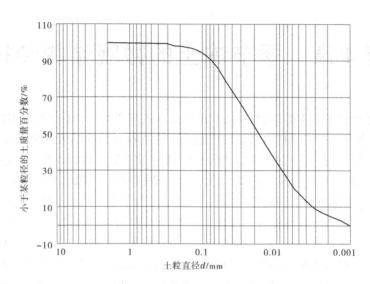

图 4-1   土的颗粒大小分布曲线

表 4-1   土的颗粒分析结果

粒径区间/mm	>2	2~1	1~0.5	0.5~0.25	0.25~0.075	0.075~0.005	<0.005	土分类
颗粒含量/%	0	0.14	0.33	1.16	8.39	73.01	16.97	粉质黏土

从图 4-1 及表 4-1 可以看出,试验所选的该种土的颗粒粒径主要集中在 0.075~0.005 mm 粉粒的范围内,粉粒含量在 73.01%,经过颗粒分析,试验土质属于粉质黏土。

4.1.2   矿物成分分析

本书对所选的土样利用 X 射线衍射(XRD)分析手段进行了矿物成分分析,XRD 的分析原理是根据 X 射线对不同的晶体产生不同的衍射效应,以此来鉴定物相。晶体都具有特定的化学成分和结构参数,对 X 射线产生特定的衍射图谱,当不同的物质在一起时,各种物质的衍射数据将互不干扰地叠加在一起,根据衍射的数据分析不同的物相。试验所选土样的初始边界条件为含水率 24%、干密度为 1.45 g/cm³、冻结温度为 -6 ℃,对未冻土体、已冻土体及冻融后的土体进行了 X 射线衍射分析,不同冻结状态下的试验衍射图谱见图 4-2。

通过 X 射线衍射图谱分析发现,土样的矿物成分主要是石英和长石,以及少量的云母和累托石。石英、长石属原生矿物,抗风化能力强,是粉粒的主要组成成分,累托石是硅酸盐黏土矿物,但含量不高。从 X 衍射试验图谱发现,土体冻融前、冻中、冻融后的矿物成分没有发生明显的改变。

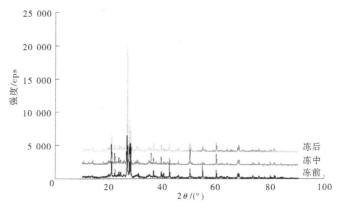

图 4-2　试样的 XRD 衍射图谱

4.2　冻融前后土的定性结构特征

4.2.1　SEM 微观结构分析

　　利用扫描电镜观察土的微观结构特征,首先要将土样进行干燥,本书采用抽真空干燥的方法对土样进行低温干燥,这种方法较风干和烘干土样方法相比的优点是可以避免土中孔隙的收缩,使孔隙中的水直接升华完成脱水。因此,采用低温抽真空干燥法制样能更好地保证试验结果的可靠性。图 4-3 为低温抽真空干燥仪,将土样放入干燥仪内,控制冻结温度为-60 ℃,压强为 0.1 个大气压,待土样干燥完成后,用扫描电子显微镜对土样进行放大 2 000 倍观察。扫描电镜的工作原理是用电子射线照射样品,通过收集到的信号电子成像。本书中分别对土样冻融前、冻中和冻融后进行了观察,结果见图 4-4。

图 4-3　真空冷冻干燥仪

　　图 4-4 为土样初始含水率 24%、干密度 1.45 g/cm³、冻结温度-6 ℃条件下,土体的冻融前、冻中及冻融后三种不同状态下放大 2 000 倍的 SEM 图,从图 4-4 中可以看出,土体经过了一个冻融循环后土样微观结构有所差别,土体在冻中大孔隙增多,经历了融化过程后大孔隙较冻融前和冻中有所减少。分析其原因是土体在经历冻结过程时,其内部的水冻结成冰,冰晶的增长导致土体内的小孔径增大,大孔径的含量增加,故通过 SEM 图看到土体在冻中孔隙增多。当土体由冻结状态融化时,冰融化成水,土体的结构单元体产生了位移,孔隙体积减小,土体内部结构发生了重组,使得土体的孔隙发生了变化。因此,融化后的土体在 SEM 图中的孔隙较冻融前和冻中是减小的。

(a)冻前

(b)-4 ℃冻中

(c)-4 ℃冻后

图 4-4 土样微观结构

4.2.2 吸附-脱附等温线的分析

　　土体的微观孔隙特征是影响土体力学及物理、化学性质的重要因素。根据国际理论和应用化学联合会 IUPAC 将微观孔隙分为三类,微孔(小于 2 nm,吸附质在吸附过程中主要是填充作用)、中孔(又称过渡孔,2～50 nm,吸附质在其表面上发生单层和多层吸附,并且有可能伴随发生毛细管凝结现象)、大孔隙(大于 50 nm,是吸附质在其中传输运移的通道)。

　　氮气吸附法可以测得不同材料的孔隙结构特征,原因是每种材料的孔隙结构不同,因此每种材料对氮气的吸附量就不同,通过氮气的吸附、脱附过程线即可分析多孔材料的结构特征。本次试验在美国 Quantachrome AutoSorb-1MP 型全自动氮气吸附仪上进行,该仪器采用 N_2 为吸附质,可以实现对不同冻结状态下的土体孔隙分布情况及孔隙的比表面积、孔容等的测定。氮气的吸附试验共测量了 33 个测点,试验过程的相对压力范围在 0~0.995 内进行。氮气的脱附试验测量了 23 个测点,脱附过程的相对压力范围在 0.144~0.995 内进行。根据吸附及脱附过程测出的上述试验点,绘制吸附脱附等温线,确定材料孔的类型及形状。

　　氮气吸附法是表征多孔材料结构特征的一种有效方法,由于每种材料的结构不同,因此对氮气的吸附量也不同,测得的吸附、脱附等温线就不同。吸附、脱附等温线是以吸附量为纵坐标,以相对压力 P/P_0 为横坐标的曲线。氮气吸附的原理是将烘干脱气处理后的样品放置于氮气中,通过调节不同的压力,测出吸附量,根据吸附及脱附曲线的滞后环确定材料的孔的形状,计算孔的分布、比表面积及孔体积。图 4-5 为 IUPAC 划分的六类吸附等温线类型,图 4-6 为滞后环的分类。

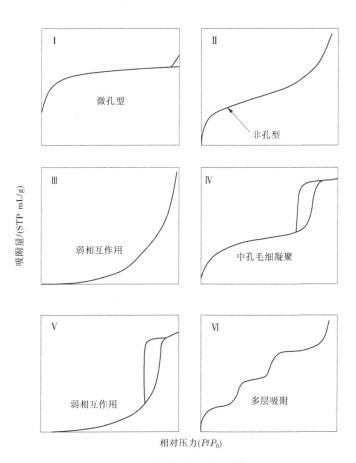

图 4-5　IUPAC 划分的六类吸附等温线

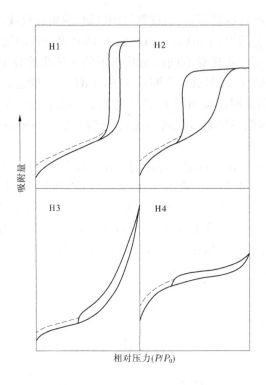

图 4-6　滞后环的分类

图 4-7 是试验土体的低温氮气吸附-脱附等温线,根据国际应用化学协会(IUPAC)的分类,经对比分析试验样品属于Ⅳ型吸附等温线,介孔材料多为Ⅳ型吸附等温线。同时 IUPAC 定义孔径小于 2 nm 为微孔,孔径大于 50 nm 为大孔,孔径在 2~50 nm 为介孔。Ⅳ型吸附等温线的吸附过程为先在较低的相对压力下发生单分子层吸附,然后是多层吸附,当压力足以达到毛细管凝聚时,吸附等温线上表现为一个突越,最后是外表面吸附。图 4-6 为 IUPCA 对滞后环的分类,将滞后环的类型分为 H1、H2、H3 和 H4 型,H1 型的滞后环陡,一般为大小均匀且形状规则的孔,H2 型的滞后环在低压处突然下降,一般为瓶状孔,H3 与 H4 型的滞后环为狭缝状孔道,孔的形状较均匀时一般呈 H4 型。通过比较发现,该样品的曲线回滞环接近 H3 型回环,呈 H3 型回环表明土体的介孔孔道属于片层结构,是片状粒子堆积形成的狭缝孔。

图 4-8 为通过氮气吸附-脱附试验,测得了三种情况下,即冻融前、冻中以及冻融后的三种状态下的吸附-脱附等温线。

由图 4-8 可知,三种情况下等温线的形式均属于 IUPAC 分类中的Ⅳ型(多分子层吸附),等温线的形状基本相同。吸附-脱附过程为相对压力在 0.35 下发生单分子层吸附,相对压力在 0.35 处单层吸附完成,出现了滞后环,多层吸附开始。该样品的曲线滞后环属于 H3 型回环,滞后环存在说明该种土质中存在着片状粒子堆积形成的狭缝孔,孔的类型为中孔。图 4-8 表明,正冻土的吸附量最小,冻融后的土体吸附量最大,即土体处于冻

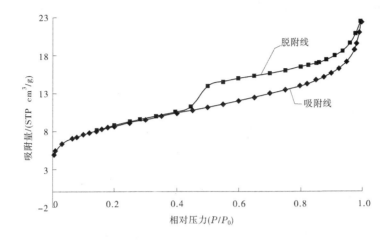

图 4-7　低温氮气吸附、脱附等温线

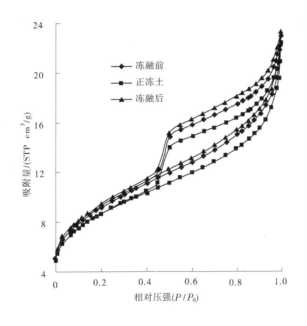

图 4-8　土样的吸附、脱附等温线

结状态时,孔隙总体积较冻结前和融化后有所减少。

4.2.3　BET 比表面积

表 4-2 为粉质黏土在冻融前、冻中以及冻融后三种状态下的 BET(Brunauer-Em-mett-Teller 多分子层吸附理论) 比表面积测试法测得的试验数据,可以看出,冻融后比表面积最大,为 33.41 m²/g,冻中土比表面积最小,为 30.87 m²/g。土样冻融后孔的比表面积较冻融前增加 1.9%,冻中土孔的比表面积较冻融前减少 5.9%。由此可见,土

体处于不同的状态时,其内部孔隙也在发生变化。当土样处于冻结状态时,土体内部的孔隙由于冰晶的作用使部分孔隙变大,出现了冻结状态下孔隙比表面积减小的现象。当土体冻结融化后,土颗粒内部结构重组,试样会出现融沉现象,因此融化后孔的比表面积增加。其原因在于,负温度使土颗粒外围的结合水冻结,土颗粒体积增大,因此土样的总比表面积减小,当土体融化时,冰晶的融化会导致部分由冰晶胶结在一起的结构单元体分离,土体中相对较大的结构单元体会减少,平均直径会较小,故比表面积会增大。土样经过冻融后的平均孔径变化为冻中的平均孔径最大,冻融后的平均孔径较冻中有所减小。主要原因是土体在冻结的过程中,越来越多的水冻结成冰,冰晶的形成会使部分小孔变大,小孔的总量减少而大孔的总量增加,因此冻中土体的平均孔径增加。土体由冻结状态到融化状态,冰晶的融化会使土样中的大孔隙收缩,大孔隙的总量减少,平均孔径减小,但冻融后的平均孔径略大于冻融前的孔径。土样经过冻融后的孔隙体积变化特征为冻中孔隙总体积较冻融前和冻融后略有减小,冻融后孔隙总体积最大,通过分析表 4-3 可知,冻中土体的大孔隙增多,但小孔隙在减少,大孔隙体积增加的量要较小孔隙减小的量要少,所以总的孔隙体积在减少。冻融后的土体孔隙变化为孔径在 366.3～17.77 nm 范围内的孔隙体积较冻融前减小,孔径在 17.77～3.32 nm 的孔隙体积较冻融前增大,当孔径在 3.32～1.95 nm 时,孔隙体积又有所减少,表现出冻融后孔隙的总体体积增加。

表 4-2　土体不同状态下的微观孔隙结构

土体冻结状态	$S_{BET}/(m^2/g)$	D_P/nm	$V_P/(cm^3/g)$
冻融前	32.791 70	4.813 3	0.0339 30
冻中	30.087 42	5.062 6	0.032 904
冻融后	33.412 90	4.834 1	0.034 539

注:S_{BET} 为 BET 比表面积;D_P 为平均孔径;V_P 为孔隙体积。

4.2.4　t-plot 微孔孔容

根据 t-plot 方程式 $t = \left[\dfrac{13.99}{0.034 - \lg(P/P_0)}\right]^{\frac{1}{2}}$ 得出土样冻融前、冻中及冻融后的微孔孔容及面积(见表 4-3)。由表 4-3 可以看出,冻中的微孔孔容最大,为 0.002 412 cm³/g,冻融前的微孔孔容最小,为 0.002 151 cm³/g。土样在冻中状态下的微孔孔容较冻融前的微孔孔容增加 12.1%,而冻融后试样的微孔孔容较冻中微孔孔容减少 1.1%。可见,土体在冻融的过程中微观的微孔结构也在发生着与宏观相同的变化,即微观的冻中孔容最大,宏观上则表现为土体的冻胀,微观的冻融后孔容较冻中减小,宏观上则表现为土体的融沉。

表 4-3　t-plot 微孔累计孔容

土样	冻融前	冻中	冻融后
孔容/(cm³/g)	0.002 151	0.002 412	0.002 386
面积/(m²/g)	5.364 600	5.838 700	5.839 100

4.2.5　BJH 中孔孔径分布

图 4-9 为土样在脱附过程中,大于某一孔径的中孔孔隙脱附氮气的总体积,从图 4-9 中可以看出,冻中土的孔径大于 5 nm 时,累计孔容曲线要高于冻融前和融化后试样的累计孔容线,即孔径大于 5 nm 孔隙体积的累积百分含量要高于冻融前和融化后。土样不同状态下的累计孔容如表 4-4 所示,冻融后的累积孔容最大,为 0.034 539 cm³/g;冻中的累积孔容最小,为 0.032 904 cm³/g。当土样由未冻结状态经过冻融作用后,孔容增加了 1.8%。说明冻融作用使中孔的孔容增加。

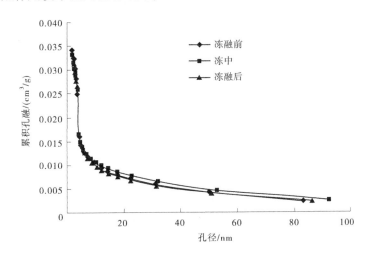

图 4-9　BJH 中孔累积孔容分布曲线

表 4-4　BJH 中孔累积孔容

土体冻结状态	冻融前	冻中	冻融后
累积孔容/(cm³/g)	0.033 930	0.032 904	0.034 539

图 4-10 为采用冻融前土体 BJH 算法计算的孔径分布曲线,从图 4-10 中可以看出孔径在 4 nm 左右时孔隙体积出现了峰值,且样品的孔径分布呈单峰,主峰范围为 3.1~4.3 nm,样品的平均孔径为 4.813 3 nm。

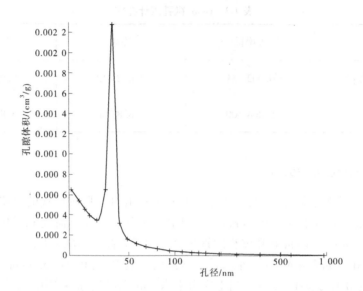

图 4-10　BJH 孔径分布曲线

表 4-5 为土样在不同状态下 BJH 孔隙变化对比数据。图 4-11 为不同冻结状态下土体 BJH(Barrett-Joyner-Halenda)孔容分布计算模型曲线,由曲线可以看出,冻融前后孔隙的总体分布趋势没有明显的变化,孔径在 2~100 nm 存在单个峰值,其中 3.9 nm 为主峰,说明了该直径的孔的容积最大,未冻土及经过冻结和融化作用的土体内部中孔分布不均匀,存在集中分布区。试样在冻融后,孔径小于 10 nm 的累计孔容曲线较冻融前和冻中略有上移,说明冻融后小于 10 nm 的孔隙累计容积增加。冻中状态下,孔径小于 10 nm 的累计孔容曲线为三者中最低,说明冻中的小孔隙容积减少。孔径大于 10 nm 的孔容增量为冻中状态最大,即冻中大于 10 nm 的中孔增加。

表 4-5　土样不同状态下 BJH 孔隙变化对比

孔径范围	冻融前		冻中		冻融后	
	平均直径/nm	孔隙体积增量/(cm³/g)	平均直径/nm	孔隙体积增量/(cm³/g)	平均直径/nm	孔隙体积增量/(cm³/g)
366.28~83.05	96.15	0.002 456	107.82	0.002 638	100.44	0.002 319
83.05~50.06	58.61	0.001 761	62.50	0.002 026	60.07	0.001 756
50.06~31.26	36.35	0.001 630	37.48	0.001 837	36.64	0.001 623

续表 4-5

孔径范围	冻融前		冻中		冻融后	
	平均直径/nm	孔隙体积增量/（cm³/g）	平均直径/nm	孔隙体积增量/（cm³/g）	平均直径/nm	孔隙体积增量/（cm³/g）
31.26~22.57	25.46	0.001 119	25.83	0.001 200	25.55	0.001 076
22.57~17.77	19.57	0.000 820	19.70	0.000 866	19.61	0.000 793
17.77~14.70	15.92	0.000 657	15.99	0.000 676	15.96	0.000 666
14.70~14.00	14.33	0.000 187	14.35	0.000 205	14.34	0.000 202
14.00~12.02	12.84	0.000 541	12.83	0.000 549	12.83	0.000 568
12.02~10.55	11.18	0.000 496	11.18	0.000 478	11.18	0.000 516
10.55~8.48	9.26	0.000 950	9.26	0.000 883	9.26	0.001 022
8.48~7.06	7.62	0.000 912	7.62	0.000 817	7.62	0.001 026
7.06~6.03	6.45	0.000 909	6.45	0.000 797	6.46	0.001 041
6.03~5.25	5.58	0.000 945	5.58	0.000 845	5.58	0.001 109
5.25~4.63	4.89	0.001 036	4.89	0.000 897	4.89	0.001 177
4.63~4.13	4.34	0.001 630	4.34	0.001 585	4.34	0.001 745
4.13~3.74	3.91	0.008 815	3.86	0.009 448	3.86	0.009 917
3.74~3.32	3.50	0.002 763	3.47	0.001 789	3.47	0.001 970
3.32~2.91	3.08	0.001 411	3.08	0.001 154	3.08	0.001 344

续表 4-5

孔径范围	冻融前		冻中		冻融后	
	平均直径/nm	孔隙体积增量/(cm³/g)	平均直径/nm	孔隙体积增量/(cm³/g)	平均直径/nm	孔隙体积增量/(cm³/g)
2.91~2.63	2.75	0.001 098	2.75	0.000 894	2.81	0.000 652
2.63~2.46	2.54	0.000 761	2.54	0.000 656	2.58	0.001 128
2.46~2.22	2.32	0.001 305	2.32	0.001 107	2.32	0.001 256
2.22~1.95	2.06	0.001 729	2.06	0.001 520	2.06	0.001 631

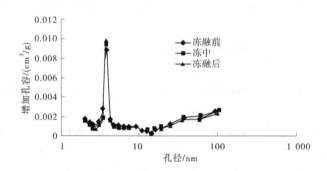

图 4-11　BJH 增加孔容分布曲线

4.3　本章小结

本章通过对土体的微观观测,对土体的定性及定量结构特征进行了研究,得出结论如下:

(1)土体的物质组成。通过筛分法和密度计法进行了颗粒分析试验,经分析土体中的粉粒含量较高。通过 X 衍射发现土样主要成分是石英和长石,以及少量的云母和累托石。

(2)利用低温抽真空干燥仪对土样冻融前、冻中及冻融后分别进行干燥,用电子显微镜对土样放大 2 000 倍,通过扫描电镜图片发现冻融前、冻中和冻融后的土样微观结构有所差别,冻融后土体的微观孔隙比冻融前和冻中状态的孔隙有所减少。粉质黏土在处于冻结状态时,孔隙总体积最小。

(3)利用氮气吸附法(BET)对土样冻融前、冻中和冻融后进行了微结构的研究,经分析发现土样冻融后比表面积较冻融前增加1.9%,冻中土的孔的比表面积较冻融前减少5.9%。土样经过冻融后矿物成分没有明显的变化。土样在冻中状态下的微孔孔容较冻融前的微孔孔容增加12.1%,而冻融后的试样的微孔孔容较冻中微孔孔容减少1.1%。当土样由未冻结状态经过冻融作用后,中孔累积孔容增加了1.8%。冻中和冻融后的平均孔径较冻融前增大,冻中平均孔径增大较明显。孔隙总体积的变化规律为冻融后孔隙体积最大,而冻中孔隙的总体积最小,但总体看冻融前、冻中和冻融后的孔隙总体积变化不是很大。

第 5 章　季节冻土水热耦合理论分析

　　自然界中的一些现象可以通过数学语言来描述,借助建立的数学理论模型来表达,然后通过变换方程来描述现象的改变。通过这样的过程,不仅可以描述现象的已知部分,更重要的是可以根据已知预测未知,使人们提前预料未来的发展趋势,从而可以提前采取有效措施以减少问题的发生。为实现这一目的,常采用有限元模拟和试验相结合的方式,来验证数学理论模型的可靠性。

　　冻土作为寒区工程建设的载体,分析冻土的特性及规律是十分必要的。由于冻土的特性受诸多因素的影响,而且各影响因素又紧密联系、相互作用。传统的实验室试验有一定的局限性,无论是试验方法还是试验数据采集,都会受到试验条件的限制,无法准确地模拟野外环境效果。故采用数值模拟的方法,模拟冻土区冻融特性可以排除外部因素的影响。在实际工程中,土体的冻结及融化过程中温度场以及水分场的变化是一个极为复杂的过程,其导热系数与渗透系数等相关参数随温度、密度、含水率等因素的变化而变化。因此,冻土的水热耦合问题在数学上是一个非线性的问题。要得到一个精确的冻土冻融循环过程以及春融期水热变化情况是极为困难的。一方面,冻土水分场的存在与改变,将使迁移水流参与土-水系统的热量传递与交换过程,从而影响冻土温度场变化;另一方面,冻土温度场的存在和变化,既可以引起水的黏度及渗透系数的改变,也会因为温度梯度的存在引起水的运动;此外,温度的改变还将引起水的相态变化,并且这种复杂的相互作用关系贯通于土体冻融的全过程。

　　近年来,随着计算机软件的应用和研究,对冻土的研究越来越深入,数值模拟技术已经逐渐从单场耦合发展到多场耦合,试验过程中参数的选取也越来越精确,但是一些非线性参数的选择依然需要通过经验公式获得。

5.1　模型建立背景

　　冻土在冻融过程中的热量传输、水分迁移与相变过程并不是由单独某个因素造成的。冻融循环过程中土体的应力与变形计算与温度和含水率有着密切的关系。应力、变形与水、热是相互影响的,在进行冻融对渠道边坡稳定性分析计算中应考虑水、热、力的耦合计算。

　　在 20 世纪 60 年代初,对土壤冻结过程的水分迁移提出了水热输运模型。在这个模型中,冻土和未冻土中的渗透系数、导热系数、初始温度和含水率都是常数。而实际上,经过多年的试验研究,对于正冻土和正融土而言,这些参数都是变化的。在 20 世纪 70 年代初,Harlan 根据当时一些新的试验结果和观测事实提出了 Harlan 模型,Harlan 认为水分迁移过程中存在热量的传递,并且土水势梯度是水分迁移的动力。之后又产生了 Taylor 与 Luthin 模型,是基于 Harlan 模型的简化。现阶段的研究模型都是基于一定假设边界条件进行的研究,虽然随着各种软件的发展,模拟结果越来越精确,但大部分的模拟并不能满足野外实际情况的水热发展。金栋基于水、热、力耦合的 FLAC 3D 温度场分析基本原理,模拟寒区边坡的冻融循环过程,得到相应的安全系数。何敏等研发出一种可以用于冻土中水、热、力三场耦合分析的平台 3GEXFEM,该模型是能全面考虑冻土中土骨架、冰、水三相介质水、热、力与变形真正耦合作用的数理方程,分析得到的温度场、水分场与变形场与试验结果较一致,具有较好的应用前景。王桂虎等曾在某公路路基中对冻土温度场与水分场耦合计算分析方法进行研究,但仅考虑了水分迁移和冰水相变作用,他指出由于冻土的渗透系数和导热系数是随着温度的变化而变化的;在冻融循环过程中,冰层与融层的交界面胲下随着温度的变化而变化,因此在冰与水的交界面处,能量守恒的条件是非线性的,所以在冻融循环的过程中,温度场与水分场的耦合也不是一个线性的问题,在实验室边坡模型试验中无法获得解析,故采用数值计算方法获得数值解。毛雪松等采用水分迁移测试系统,在试验没有破坏的前提下,基于一个完整的试样动态观测水分温度的变化,在基于冻土中未冻水含量与土壤负温处于动态平衡中,水热的运动主要发生在垂直方向近似为一维问题的假设下,对冻土中的水分场和温度场耦合过程进行动态观测与分析。

本书所采用的非饱和冻土中水热耦合模型为基于适用于非饱和土渗流的 Darcy 定律、质量守恒定律建立的水分迁移方程;基于傅里叶传热、能量守恒定律建立的热量迁移方程;引入徐学祖基于试验数据建立的未冻水预测模型作为联系方程构建的偏微分方程组,对方程中的参数进行了与温度、体积含未冻水率相关的非线性表达。

为了进一步验证本书中第 3 章冻土室内冻融试验,本书基于 COMSOL Multiphysics 软件的 PDE 模块,进行非饱和多年冻土水热耦合有限元计算,进行冻融循环作用下冻土随温度水分变化的数值模拟,最后将仿真结果和试验数据进行对比,验证了冻土室内试验的正确性和 COMSOL 软件在冻土水热耦合传输有限元模拟方面的有效性和适用性。

冻土是由固、液、气三态组成的,冻土内部的温度场、水分场的变化其实是冻融循环对土、水、冰等作用的综合结果。当气温降低时,土体温度随之下降,坡体温度的下降导致坡体内水分冻结,土层水分迁移受温度势影响,水分向冻结锋面迁移。在融化过程中,边坡内部各点温度升高,冻土中的冰开始融化,水分由冻结锋面向土体表层迁移。因此,在对边坡冻融循环分析时,应该综合考虑温度场和水分场共同作用的影响。

基本假设:

(1)假设冻中状态下,冻结区土体、冻结缘、降温区土体中水分迁移以液态水形式迁移,无气态水迁移;

(2)假设土体中的水分迁移符合达西定律;

(3)假设温度场、水分场在时间和空间上分布连续;

(4)假设多孔介质骨架和冰均不可被压缩变形;

(5)不考虑土中水的压融效应,水的密度为常数;

(6)忽略自由热对流效应(对流换热忽略不计)。

5.2 温度场基本方程

5.2.1 温度场方程推导

5.2.1.1 傅里叶定律

傅里叶(Fourier)基于大量导热试验研究,提出了热流矢量和温度梯度关系方程式为:

$$q_x = -\lambda_x \frac{\partial T}{\partial x} \tag{5-1}$$

$$q_y = -\lambda_y \frac{\partial T}{\partial y} \tag{5-2}$$

$$q_z = -\lambda_z \frac{\partial T}{\partial z} \tag{5-3}$$

式(5-1)~式(5-3)为傅里叶于1822年提出的热学基本定律的数学表达式,亦称傅里叶定律。

式中:λ_x、λ_y 和 λ_z 称为直角坐标系中 x,y,z 三个方向的导热系数;$\frac{\partial T}{\partial x}$、$\frac{\partial T}{\partial y}$、$\frac{\partial T}{\partial z}$ 为直角坐标系中 x,y,z 三个方向的温度梯度。

两等温面温差 ΔT 与其法向距离 Δn 的比值的极限,称为温度梯度,用 $\mathrm{grad}T$ 表示为:

$$\mathrm{grad}\,T = \lim_{V_n \to 0} \frac{\Delta T}{\Delta n} = \frac{\partial T}{\partial n} n \tag{5-4}$$

式中:$\mathrm{grad}T$ 表示温度梯度,其值为最大温度变化率的矢量大小;n 表示法向方向上的单位矢量;$\partial T/\partial n$ 表示沿法线方向温度的方向导数。

物质的导热系数与物质的种类、物质的温度和压力等因素紧密相关。物体内出现热量传递是由于存在温度差,因此弄清物体内各点的温度分布对热量的传导特性分析尤为重要。在一定温度范围内,对很多工程材料来说,其导热系数可以看成与温度相关的线性函数,即

$$\lambda = \lambda_0 (1 + bT) \tag{5-5}$$

式中:λ_0 为处于参考温度时的导热系数;b 是材料常数,可由试验确定。

傅里叶定律给出了热流矢量和温度梯度的函数关系。因此,只要知道物体内温度梯度的大小,通过傅里叶定律就能确定热流矢量 q 的大小,也就弄清了热量传导对温度场的影响情况。

5.2.1.2 热量守恒原理

傅里叶定律给出了热流密度矢量和温度梯度之间的关系式。但要得出具体热流密度

矢量的大小,需确定温度梯度值,弄清物体内的温度场分布情况,即

$$T = f(x, y, z, t)$$

为此,首先要找到描述物体内温度分布的微分方程。这可以在傅里叶定律的基础上,借助能量守恒定律,把物体内各点的温度关联起来,建立出通用温度场微分方程(导热微分方程)。

假定导热物体是各向同性的均质连续介质,材料导热系数 λ、比热 C 和密度 ρ 均已知,并假定物体中有内热源,并用内热源强度 q_V 表示内热源单位体积单位时间内吸收(或放出)的热量 (W/m^3),若 q_V 为正,放出热量;反之,若 q_V 为负,吸收热量。

基于上述各项假定,在导热的物体中分割出一个微元立方体 $dV = dxdydz$,微元立方体的三个边均分别平行于直角坐标系 x、y 和 z 轴,如图 5-1 所示,根据能量守恒定律可知:在 dt 时间内,导入与导出微元立方体的热量差值,即净热量,加上内热源的释放(或吸收)热量,应等于微元立方体热量变化值,即:

导入与导出微元立方体的净热量(Ⅰ) + 微元立方体中内热源的释放(或吸收) 热量(Ⅱ)

$$= 微元立方体热量变化量(Ⅲ) \tag{5-6}$$

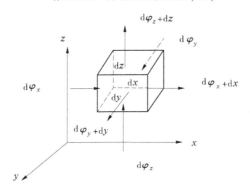

图 5-1　土体微元立方体的导热示意图

下面分别计算式(5-6)中的Ⅰ、Ⅱ和Ⅲ项。

导入与导出微元立方体的净热量由 x、y 和 z 轴三个方向导入与导出微元立方体的净热量相加得到。在 dt 时间内,沿 x 轴方向,经 x 表面导入的热量为:

$$d\varphi_x = q_x dydzdt$$

经 $x+dx$ 表面导出的热量为:

$$d\varphi_{x+dx} = q_{x+dx} dydzdt$$

而

$$q_{x+dx} = q_x + \frac{\partial q_x}{\partial x} dx$$

于是,在 dt 时间内,沿 x 方向导入与导出微元立方体的净热量为:

$$\mathrm{d}\varphi_x - \mathrm{d}\varphi_{x+\mathrm{d}x} = -\frac{\partial q_x}{\partial x}\mathrm{d}x\mathrm{d}y\mathrm{d}z\mathrm{d}t \tag{5-7}$$

同理,沿 y 轴方向和 z 轴方向,导入与导出微元体的净热量分别为:

$$\mathrm{d}\varphi_y - \mathrm{d}\varphi_{y+\mathrm{d}y} = -\frac{\partial q_y}{\partial y}\mathrm{d}x\mathrm{d}y\mathrm{d}z\mathrm{d}t \tag{5-8}$$

$$\mathrm{d}\varphi_z - \mathrm{d}\varphi_{z+\mathrm{d}z} = -\frac{\partial q_z}{\partial z}\mathrm{d}x\mathrm{d}y\mathrm{d}z\mathrm{d}t \tag{5-9}$$

将从 x、y 和 z 三个方向导入和导出的微元立方体的净热量相加可得:

$$\mathrm{I} = -\left(\frac{\partial q_x}{\partial x} + \frac{\partial q_y}{\partial y} + \frac{\partial q_z}{\partial z}\right)\mathrm{d}x\mathrm{d}y\mathrm{d}z\mathrm{d}t \tag{5-10}$$

将式(5-1)、式(5-2)和式(5-3)代入式(5-10),得到:

$$\mathrm{I} = \left[\frac{\partial}{\partial x}\left(\lambda\frac{\partial T}{\partial x}\right) + \frac{\partial}{\partial x}\left(\lambda\frac{\partial T}{\partial y}\right) + \frac{\partial q}{\partial z}\left(\lambda\frac{\partial T}{\partial z}\right)\right]\mathrm{d}x\mathrm{d}y\mathrm{d}z\mathrm{d}t \tag{5-11}$$

在 $\mathrm{d}t$ 时间内,微元立方体中内热源的释放(或吸收)热量为:

$$\mathrm{II} = q_V\mathrm{d}x\mathrm{d}y\mathrm{d}z\mathrm{d}t \tag{5-12}$$

在 $\mathrm{d}t$ 时间内,微元立方体中热量变化量为:

$$\mathrm{III} = \rho C\frac{\partial T}{\partial x}\mathrm{d}x\mathrm{d}y\mathrm{d}z\mathrm{d}t \tag{5-13}$$

对于固体和不可压缩的流体,比定压热熔 C_p 等于比定容热容 C_V,即 $C_p = C_V = C$。

将式(5-11)~式(5-13)代入式(5-6),消去等号两边的 $\mathrm{d}x\mathrm{d}y\mathrm{d}z\mathrm{d}t$,可得:

$$C\rho\frac{\partial T}{\partial t} = \frac{\partial}{\partial x}\left(\lambda\frac{\partial T}{\partial x}\right) + \frac{\partial}{\partial y}\left(\lambda\frac{\partial T}{\partial y}\right) + \frac{\partial q}{\partial z}\left(\lambda\frac{\partial T}{\partial z}\right) + q_V \tag{5-14}$$

式(5-14)称为热传导微分方程,它本质上是一个反映热传导过程的能量方程。

式(5-14)借助于能量守恒定律和傅里叶定律把物体中各点的温度联系起来,可以表示温度场的时空分布。其中,若冻土温度场需考虑相变潜热,并且一般把相变潜热看成内热源,即 $q_V = L\rho_i\frac{\partial\theta_i}{\partial t}$,若冻土温度场不考虑相变潜热,此时 $q_V = 0$。

本书把相变潜热作为热源,并考虑冻土试样为自上而下单向冻结,故式(5-14)的冻土中热量传输微分方程简化为:

$$C\rho\frac{\partial T}{\partial t} = \frac{\partial q}{\partial z}\left(\lambda\frac{\partial T}{\partial z}\right) + L\rho_i\frac{\partial\theta_i}{\partial t} \tag{5-15}$$

式中:T 为土体瞬时温度,$℃$;t 为时间,s;θ 为体积含水率;θ_i 为孔隙冰体积含量;z 为深度方向坐标,m;ρ、ρ_i 分别为土体密度、冰密度,$\mathrm{kg/m^3}$;L 为相变潜热,取值为 334.5 $\mathrm{kJ/kg}$;λ 为导热系数,$\mathrm{W/(m \cdot ℃)}$;C 为体积热容,$\mathrm{J/(kg \cdot ℃)}$。

5.2.2　模型边界条件及初始条件

5.2.2.1　上边界条件

上边界条件的气温,根据黑龙江省哈尔滨地区实测的 2006—2007 年的地表实测温度,试验选取的冻融温度为 2006 年 11 月至 2007 年 3 月的冻结期旬平均冻结温度为控制温度,分别取−3 ℃、−4 ℃、−6 ℃、−9 ℃为温度控制条件。

5.2.2.2　下边界条件

由于模型模仿季节冻土层,故模型下边界位于融土层内,该冻土层温度设置为+1 ℃。

5.2.2.3　四周边界条件

为了计算方便,一般在一般冻土温度场、水分场四周边界条件设置为隔热。

5.2.2.4　初始条件

由于模型分为季节冻土层,下层冻土层的初始条件为+1 ℃,上层季节冻土层初始温度由于地温数据不足,本书以哈尔滨 2006—2007 年月平均气温近似为上层季节活动层全融状态的初始温度条件。

5.2.3　模型计算参数

通过温度计算公式发现体积热容量 C 和导热系数 λ 需要确定,其计算过程如下。

5.2.3.1　体积热容量 C

体积热容表示单位体积的土体每升高 1 ℃温度所需要的能量,体积热容可以用来衡量土壤的存热能力,它的表达式为:

$$C = (C_s + \frac{\rho_w}{\rho_d}\theta_u C_w + \frac{\rho_i}{\rho_d}\theta_i C_i)\rho_d \qquad (5\text{-}16)$$

式中: C_s 为土颗粒的质量热容量; C_w 为未冻水的质量热容量; C_i 为冰的质量热容量; ρ_d 为土密度; ρ_w 为水密度; ρ_i 为冰密度。

然而土颗粒质量热容量 C_s 的取值并不是一个固定值,当土体处于冻结和融化状态时, C_s 有不同的取值。 C_s 的取值公式为:

$$C_s = \begin{cases} C_{su}, T \geq T_f \\ C_{sf}, T < T_f \end{cases}$$

式中: T_f 为土体冻结温度; C_{su} 为土颗粒融化状态的质量热容量; C_{sf} 为土颗粒冻结状态的质量热容量。

5.2.3.2　导热系数 λ

根据徐学祖教授在《冻土物理学》一书中的介绍,导热系数的表达式为:

$$\lambda = \lambda_s^{1-\theta_s}\lambda_w^{\theta_u}\lambda_i^{\theta_i} \qquad (5\text{-}17)$$

式中: λ_s 为土颗粒的传热系数; λ_w 未冻水的传热系数, λ_i 为冰的传热系数。

同样,土颗粒的传热系数 λ_s 的取值也不是一个固定值,当土体处于冻结和融化状态

时,λ_s 有不同的取值。λ_s 的取值公式为:

$$\lambda_s = \begin{cases} \lambda_{su}, T \geq T_f \\ \lambda_{sf}, T < T_f \end{cases}$$

式中:T_f 为土体冻结温度;λ_{su} 为土颗粒融化状态的传热系数;λ_{sf} 为土颗粒冻结状态的传热系数。

5.3　水分场方程推导

虽然在发生冻结时,土体内的空气和水蒸气在连通孔隙内的迁移也会带动液态水分的迁移,但这一部分相当微弱,因此在建立的水分方程中忽略空气和水蒸气迁移对水分迁移的影响,冻土中水分在土水势作用下发生迁移遵循达西定律。常温下,无论是饱和土还是非饱和土,土体中水分迁移一般只含有符合达西定律的渗流形式。在冻土中,水分含量变化除了未冻水渗流这种形式外,还有未冻水在低温环境下的相变形式。众多学者的试验研究表明,冻土产生冻胀的主要因素并不是原位水相变而是土体中的水分迁移及其相变。因此,研究非饱和土体冻胀就必须去研究非饱和冻中土中的水分迁移现象,本书基于适用于非饱和土的达西定律,结合质量守恒定律推导了非饱和冻中土的水分迁移方程。

5.3.1　水分场方程推导

5.3.1.1　水量守恒原理

非饱和冻土中水分迁移和含水率随空间和时间的改变而变化,导致其变化的两个基本机制为:①周围环境随时间的改变;②土体的储水能力。为了预测水分流动,常用研究区周边环境的变化对土体的边界条件进行限定,而土体的储水能力对含水率重新分布的作用,一般运用流体控制方程或定律来获得。

水量守恒原理(或称连续性原理)指出了在一个土体微元单元内水分的变化量恒等于流入或流出微元单元土体的净水流量。水量守恒定律就是在土体温度恒定条件下的水分迁移控制方程。

如图 5-2 所示为一个孔隙率 n 和体积含水率 θ 的土体微元单元。在单位时间内,沿着 x、y、z 三个正方向流入的总水流量为:

$$q_{in} = \rho(q_x \Delta y \Delta z + q_y \Delta x \Delta z + q_z \Delta x \Delta z) \tag{5-18}$$

在单位时间内,流出土体微元单元的水流总量为:

$$q_{out} = \rho\left[\left(q_x + \frac{\partial q_x}{\partial x}\Delta x\right)\Delta y \Delta z + \left(q_y \frac{\partial q_y}{\partial y}\Delta y\right)\Delta x \Delta z + \left(q_z + \frac{\partial q_z}{\partial z}\Delta z\right)\Delta x \Delta y\right] \tag{5-19}$$

式中:ρ 为水的密度,kg/m^3;q_x、q_y 和 q_z 分别为 x、y 和 z 方向的流量,m^3/s。

土体微元单元在瞬态流动过程中,微元单元变化量可表示如下:

$$\frac{\partial(\rho\theta)}{\partial t}\Delta x \Delta y \Delta z \tag{5-20}$$

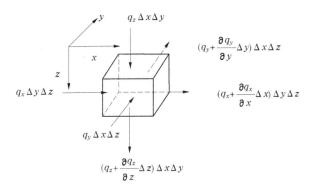

图 5-2　土体微元单元水流示意图

由水量守恒定律可知,在瞬态流动过程中,土体微元单元内水分变化量恒等于流入和流出的净流量,由此可得:

$$-\rho\left(\frac{\partial q_x}{\partial x}\Delta x\Delta y\Delta z + \frac{\partial q_y}{\partial y}\Delta y\Delta x\Delta z + \frac{\partial q_z}{\partial z}\Delta z\Delta x\Delta y\right) = \frac{\partial(\rho\theta)}{\partial t}\Delta x\Delta y\Delta z \qquad (5\text{-}21)$$

或者

$$-\rho\left(\frac{\partial q_x}{\partial x} + \frac{\partial q_y}{\partial y} + \frac{\partial q_z}{\partial z}\right) = \frac{\partial(\rho\theta)}{\partial t} \qquad (5\text{-}22)$$

式(5-21)是在饱和或非饱和条件,土体中非稳定水分迁移控制的方程。

5.3.1.2　瞬态饱和流

在土体饱和条件下,可认为体积含水率 θ 等于孔隙率 n,式(5-22)变为:

$$-\rho\left(\frac{\partial q_x}{\partial x} + \frac{\partial q_y}{\partial y} + \frac{\partial q_z}{\partial z}\right) = \frac{\partial(\rho n)}{\partial t} \qquad (5\text{-}23)$$

因液态水体积改变 ρn 而导致的土体微元单元中液体的储存或释放,与总水头 h 相关。对于饱和土,式(5-23)等号右边可以表示为:

$$\frac{\partial(\rho n)}{\partial t} = \rho C_w\frac{\partial h}{\partial t} \qquad (5\text{-}24)$$

式中:C_w 为比水容量(单位储水量),定义如下(Freeze 和 Cherry,1979):

$$C_w = \rho g(a_s + n\beta_w) \qquad (5\text{-}25)$$

式中:a_s 为土体压缩系数,m^2/N 或 Pa^{-1};β_w 为孔隙水压缩系数,m^2/N。

土的体积压缩系数 a_s 的取值范围在一定程度上取决于土的类型,如黏土的取值范围为 $10^{-6} \sim 10^{-8}$ m^2/N;砂土的取值范围为 $10^{-7} \sim 10^{-9}$ m^2/N;砂砾的取值范围为 $10^{-8} \sim 10^{-10}$ m^2/N;孔隙压缩系数 β_w 相当稳定,约为 4.4×10^{-10} m^2/N。

利用达西定律,可以把各坐标方向上的液体流动写成渗透系数和水力梯度的表达式:

$$q_x = -k_x\frac{\partial h}{\partial x}\quad q_y = -k_y\frac{\partial h}{\partial y}\quad q_z = -k_z\frac{\partial h}{\partial z} \qquad (5\text{-}26)$$

因而,对于均质各向同性土体内的瞬态饱和流(即 $k = -k_x = -k_y = -k_z$),式(5-26)可简化如下:

$$\frac{\partial^2 h}{\partial x^2} + \frac{\partial^2 h}{\partial y^2} + \frac{\partial^2 h}{\partial z^2} = \frac{C_w}{k}\frac{\partial h}{\partial t} \tag{5-27}$$

式(5-27)还可以写成标准扩散方程的形式:

$$D\left(\frac{\partial^2 h}{\partial x^2} + \frac{\partial^2 h}{\partial y^2} + \frac{\partial^2 h}{\partial z^2}\right) = \frac{\partial h}{\partial t} \tag{5-28}$$

水力扩散系数 D 为每单位时间上的长度平方,单位为 m^2/s,等于渗透系数与单位储水量的比值: $D = k/C_w$。

5.3.1.3　瞬态非饱和流

在瞬态非饱和流中,通过考虑渗透系数与基质吸力水头之间的函数关系,达西定律可推广应用到非饱和土体水流问题:

$$q_x = -k_x(h_m)\frac{\partial h}{\partial x} \quad q_y = -k_y(h_m)\frac{\partial h}{\partial y} \quad q_z = -k_z(h_m)\frac{\partial h}{\partial z} \tag{5-29}$$

式中: h_m 为基质吸力水头; $k(h_m)$ 为考虑非饱和渗透系数与吸力水头相关的函数。

若不考虑渗透压力水头的作用,则非饱和土中的总水头 h 应等于吸力水头 h_m 与位置水头 z 之和($h = h_m + z$)。水的密度 ρ 随温度变化极小,假定为一恒定量,把式(5-29)代入式(5-23),并消去水密度 ρ 可得:

$$\frac{\partial}{\partial x}\left[k_x(h_m)\frac{\partial h_m}{\partial x}\right] + \frac{\partial}{\partial y}\left[k_y(h_m)\frac{\partial h_m}{\partial y}\right] + \frac{\partial}{\partial z}\left[k_z(h_m)\left(\frac{\partial h_m}{\partial z} + 1\right)\right] = \frac{\partial \theta}{\partial t} \tag{5-30}$$

式中:附加的一项 $\dfrac{\partial k_z(h_m)}{\partial z}$ 表示 z 坐标方向是由位置水头引起的。

应用链式法则,将式(5-30)等号右边项用基质吸力水头表示为:

$$\frac{\partial \theta}{\partial t} = \frac{\partial \theta}{\partial h_m}\frac{\partial h_m}{\partial t} \tag{5-31}$$

式中: $\dfrac{\partial \theta}{\partial h_m}$ 为体积含水率与基质吸力水头关系曲线的斜率,它可直接从土-水特征曲线中获得; $\dfrac{\partial \theta}{\partial h_m}$ 称为比水容量 C_w 。因为土-水特征曲线是非线性的,所以把比水容量描述成与基质吸力水头成一定函数关系的形式,比水容量与吸力水头的关系函数可表示如下:

$$C_w(h_m) = \frac{\partial \theta}{\partial h_m} \tag{5-32}$$

将式(5-31)和式(5-32)代入式(5-30)中,则瞬态非饱和水流控制方程如下:

$$\frac{\partial}{\partial x}\left[k_x(h_m)\frac{\partial h_m}{\partial x}\right] + \frac{\partial}{\partial y}\left[k_y(h_m)\frac{\partial h_m}{\partial y}\right] + \frac{\partial}{\partial z}\left[k_z(h_m)\left(\frac{\partial h_m}{\partial z} + 1\right)\right] = C_w(h_m)\frac{\partial h_m}{\partial t} \tag{5-33}$$

式(5-33)就是常见的 Richards 方程形式。给定初始条件和边界条件,并把基质吸引水头看成与时间和空间相关的函数,就可以得出 Richards 方程数值解。

Richards 方程还可以用体积含水率来表达,这常见于土壤物理学中。按照链式法则,达西定律在水平方向可表示如下:

$$q_x = -k_x(\theta)\frac{\partial h_\mathrm{m}}{\partial x} = -k_x(\theta)\frac{\partial h_\mathrm{m}}{\partial \theta}\frac{\partial \theta}{\partial x} = -D_x\frac{\partial \theta}{\partial x} \tag{5-34}$$

与此类似,y 与 z(重力方向)方向的流量,可分别表示如下:

$$q_y = -k_y(\theta)\frac{\partial h_\mathrm{m}}{\partial y} = -D_y\frac{\partial \theta}{\partial y} \tag{5-35}$$

$$q_z = -k_z(\theta)\left(\frac{\partial h_\mathrm{m}}{\partial z} + 1\right) = -D_z\frac{\partial \theta}{\partial y} - k_z(\theta) \tag{5-36}$$

结合式(5-32)可知:

$$D_x = \frac{k_x(h_\mathrm{m})}{C_\mathrm{w}(h_\mathrm{m})} \tag{5-37}$$

D_x 定义为 x 方向的非饱和土水分扩散系数,是 x 方向的渗透系数与比水容重的比值。典型的粉质土的水分扩散系数函数、渗透系数函数、土-水特征曲线函数,以及比水容量与体积含水率具有一定函数关系。

把式(5-34)~式(5-36)代入式(5-23),可得:

$$\frac{\partial}{\partial x}\left[D_x(\theta)\frac{\partial \theta}{\partial x}\right] + \frac{\partial}{\partial y}\left[D_y(\theta)\frac{\partial \theta}{\partial y}\right] + \frac{\partial}{\partial z}\left[D_z(\theta)\left(\frac{\partial \theta}{\partial z}\right)\right] + \frac{\partial k_z(\theta)}{\partial z} = \frac{\partial \theta}{\partial t} \tag{5-38}$$

根据大量不同的初始条件和边界条件,对式(5-15)和式(5-38)进行求解,构成了丰富的经典土壤物理学和地下水水文学问题;其中 $\theta = \theta_\mathrm{u} + \dfrac{\rho_\mathrm{i}}{\rho_\mathrm{w}}\theta_\mathrm{i}$ 。

5.3.2　模型计算参数

初始条件:季节活动层初始体积含水率为 30%,多年冻土层初始体积含水率为 10%。

边界条件:封闭无外部补水。

土体水分传输公式中需要计算说明的参数有扩散系数 $D(\theta_\mathrm{u})$,其计算过程如下:

5.3.2.1　渗透系数 $K(\theta_\mathrm{u})$

如果是饱和土体,土体的渗透系数可以为一个常数,计算比较简单。如果是非饱和土体,参考《非饱和土力学》一书中卢宁教授的介绍,非饱和土的渗透系数和未冻水的相对饱和度有关,非饱和土体未冻水相对饱和度的表达关系式是:

$$S = \frac{\theta_\mathrm{u} - \theta_\mathrm{r}}{\theta_\mathrm{s} - \theta_\mathrm{r}} \tag{5-39}$$

式中:θ_u 为未冻水含水率;θ_s 为饱和含水率;θ_r 为残余含水率。

参考 Gardner 渗透系数模型可以得到渗透系数表达式为:

$$K(\theta_u) = K_s \cdot K_r \cdot I \tag{5-40}$$

式中:K_s 为饱和土体渗透系数;K_r 为相对渗透系数;I 为阻抗因子。

相对渗透系数 K_r 的表达式为:

$$K_r = S^l \left[1 - (1 - S^{\frac{1}{m}})^m \right]^2 \tag{5-41}$$

式中:l、m 为相关经验参数。

阻抗因子 I 表达的含义是,土体中未冻水的迁移传输会受到固体状态的孔隙冰的阻碍,由 20 世纪 80 年代诞生的 Van Genuchten(VG)滞水模型提出,阻抗因子 I 的表达式为:

$$I = 10^{-10\theta i} \tag{5-42}$$

因此,可得相对渗透系数的表达式为:

$$K(\theta_u) = K_s \cdot S^l \left[1 - (1 - S^{\frac{1}{m}})^m \right]^2 m \cdot 10^{-10\theta i} \tag{5-43}$$

5.3.2.2　比水容量 $C(\theta_u)$

比水容量 $C(\theta_u)$,采用 Van Genuchten(VG)滞水模型中建模方法得到,表达式为:

$$C(\theta_u) = \frac{-a_0 m (\theta_s - \theta_r)}{1 - m} S^{1/m} (1 - S^{1/m})^m \tag{5-44}$$

5.3.2.3　扩散系数 $D(\theta_u)$

扩散系数是渗透系数和比水容量的比值,表达式为:

$$D(\theta_u) = \frac{K(\theta_u)}{C(\theta_u)} \tag{5-45}$$

5.4　冻土水热耦合模型的建立

从冻土温度场式(5-15)和水分场式(5-38)发现:两个方程,有三个变量(温度、孔隙冰体积含量和液态含水率),在数学上是没有唯一解的,为了得出满足特定条件的数值解,需引入一个联系方程(5-46)才能对水热耦合模型进行求解,为此本书建立出了孔隙含冰率 θ_i、液态含水率 θ_u 和温度 T 三者之间的函数关系式。

徐学祖基于大量试验研究,得出了冻土中孔隙含冰率、液态含水率和温度之间经验关系表达式为:

$$\frac{\theta_0}{\theta_u} = \left(\frac{T}{T_f} \right)^B, T < T_f \tag{5-46}$$

式中:T_f 为土体初始冻结温度,℃;θ_0 为土体的初始含水率(%);θ_u 为负温度为 T 时的含水率(%);B 为常数,它与冻土种类和含盐量有关,可由文献[3]中的一点法测定,若没有试验数据,可按经验值选取:砂土为 0.61,粉土为 0.47,黏土为 0.56。

参考文献[71]固液比的概念,将冻土中孔隙冰雨未冻水的体积比,定为固液比 B_i,

其公式表达为

$$B_i = \frac{\theta_i}{\theta_u}\begin{cases} 1.1\left(\dfrac{T}{T_f}\right)^B - 1 & T < T_f \\[2mm] 0 & T > T_f \end{cases} \tag{5-47}$$

式中：系数 1.1 为水与冰的密度比，为 $\dfrac{\rho_i}{\rho_u}$。

结合冻土温度场式(5-15)、水分场式(5-38)和联系式(5-47)可得水热耦合方程组为：

$$\left.\begin{array}{l} \dfrac{\partial \theta_u}{\partial t} + \dfrac{\rho_i}{\rho_w}\dfrac{\partial \theta_i}{\partial t} = \dfrac{\partial}{\partial z}\left(D(\theta)\dfrac{\partial \theta_u}{\partial z}\right) \\[4mm] C\rho\dfrac{\partial T}{\partial t} = \dfrac{\partial}{\partial z}\left(\lambda_z\dfrac{\partial T}{\partial z}\right) + L\rho_i\dfrac{\partial \theta_i}{\partial t} \\[4mm] \theta_i = \begin{cases}\left(\dfrac{\rho_w}{\rho_i}\left(\dfrac{T}{T_f}\right)^B - 1\right)\theta_u & T < T_f \\[2mm] 0 & T > T_f \end{cases} \end{array}\right\} \tag{5-48}$$

求解方程组，由于与模型相关的因素很多，并不能直接求出解，因此需要利用计算机并采用有限元方法进行数值求解。

5.5　本章小结

本章采用 COMSOL Multi-physics 耦合模型开展研究。冻土水热耦合实际中是一个特别复杂的物理化学过程，为了简化水热耦合模型，便于数值计算，首先介绍了季节冻土水热耦合的基本假设，根据傅里叶定律和热量守恒定律推导出冻土温度场数学方程，再根据 Richards 定律和水量守恒规律方程推导出水分场数学公式及相变温度场和水分场这两个物理场中共有 3 个变量的公式，引入冻土水热耦合两场联系式，最后得到了非饱和冻土的水热耦合方程组。然后给出了季节冻土耦合数学模型中土体的水分特征参数及热特性参数的取值方法。本章建立的季节冻土水热耦合模型可为后续章节研究季节冻土冻融过程中水分场和温度场的时空变化规律提供理论基础。

第6章　冻土水热耦合数值模拟研究

有限元分析(Finite Element Analysis)是一种对真实物理系统进行数学近似的数值模拟方法,是求取复杂微分方程获得可控近似解的一种非常有效的工具,也是现代数字技术的重要基础原理,在工程领域具有广泛的应用。COMSOL Multiphyscis 是集前处理、求解器和后处理为一体的有限元 CAE 软件,该款软件的优势不仅在于具有专门问题的集成模块,用户还可以根据自身需求自定义线性(或非线性)偏微分方程(PDE)进行二次开发。COMSOL Multiphyscis 软件具有极强大的非线性处理能力,可以进行任意多个物理场耦合问题求解。因此,COMSOL Multiphyscis 软件可以定义和求解多物理场耦合问题。

本章以哈尔滨地区粉质黏土为例,通过合理的参数选择和相关假定条件,建立冻土二维模型,旨在对冻融循环条件下土体温度场、水分场进行数值模拟分析,通过试验具体数据,验证试验模拟过程的准确性以及适用性。

软件操作流程如下:

(1)首先列出模型需要求解的偏微分方程或偏微分方程组,同时列好模型的边界条件和初始条件。

(2)几何建模。

(3)为建立的几何区域设置边界条件和各个物理量参数。而且建立的几何区域可以分为多个小区域,不同的小区域可以设置不同的物理参数和边界条件。

(4)网格划分。

(5)求解。

(6)后处理。

6.1　季节冻土水热耦合模型的建立

本书利用 COMSOL 软件中的 PDE 模块进行建模计算,建立多年冻土水热耦合模型,软件中的偏微分方程和边界条件函数表达形式为:

$$\left. \begin{array}{l} e_a \dfrac{\partial^2 T}{\partial t^2} + d_a \dfrac{\partial T}{\partial t} + \nabla \cdot (-c\,\nabla T - \alpha T + \gamma) + \beta \cdot \nabla T + aT = f \\[2mm] \nabla = \left[\dfrac{\partial}{\partial r}, \dfrac{\partial}{\partial z} \right] \end{array} \right\} \tag{6-1}$$

将式(5-15)和式(5-38)转换为 COMSOL 软件 PDE 模块系数型偏微分方程组形式为:

$$\left. \begin{array}{l} \rho C(\theta) \dfrac{\partial T}{\partial t} + \nabla(-\lambda\,\nabla T) = L \cdot \rho_i \dfrac{\partial \theta_i}{\partial t} \\[3mm] \dfrac{\partial \theta_u}{\partial t} + \nabla(-D\,\nabla \theta_u) + \dfrac{\rho_i}{\rho_w} \cdot \dfrac{\partial \theta_i}{\partial t} = 0 \end{array} \right\} \tag{6-2}$$

水热耦合模型计算所需的土体参数值见表 6-1。

表 6-1　水热耦合模型参数

符号	表达式	物理意义
C	$C = (C_s + \dfrac{\rho_w}{\rho_d}\theta_u C_w + \dfrac{\rho_i}{\rho_d}\theta_i C_i)\rho_d$	体积热容
λ	$\lambda = \lambda_s^{1-\theta_s}\lambda_w^{\theta_u}\lambda_i^{\theta_i}$	导热系数
$K(\theta_u)$	$K(\theta_u) = K_s \cdot S^l[1-(1-S^{\frac{1}{m}})^m]^2 m \cdot 10^{-10\theta_i}$	渗透系数
$C(\theta_u)$	$C(\theta_u) = \dfrac{-a_0 m(\theta_s - \theta_r)}{1-m} \cdot S^{1/m} \cdot (1-S^{1/m})^m$	比水容量
$D(\theta_u)$	$D(\theta_u) = \dfrac{K(\theta_u)}{C(\theta_u)}$	扩散系数
B_i	$B_i = \dfrac{\theta_i}{\theta_u}\begin{cases} 1.1\left(\dfrac{T}{T_f}\right)^B - 1 & T < T_f \\ 0 & T > T_f \end{cases}$	固液比
θ_i	$\theta_i = \begin{cases} \left(\dfrac{\rho_w}{\rho_i}\left(\dfrac{T}{T_f}\right)^B - 1\right)\theta_u & T < T_f \\ 0 & T > T_f \end{cases}$	孔隙冰含量

在 COMSOL 进行数字模拟计算时,需要对试样剖面进行网格划分,来计算边坡温度场、水分场变化情况。图 6-1 为计算域的网格划分。

6.2　水热耦合模型验证模拟

为了验证建立的水热耦合数学模型的可行性,使用该水热耦合模型反演本书第 3 章中封闭系统条件下的土柱单向冻结试验。

采用 COMSOL Multiphyscis 数学模块中偏微分方程接口自定义冻土水热耦合物理场,给定基本参数和变量,赋予水热耦合模型与试验相同的初始条件和边界条件进行数值求解,通过对试验条件下的水分迁移进行数值模拟,将求解的结果与水热迁移的实测数据进行对比,来验证模型的可行性。

6.2.1　温度变化模拟结果分析

根据试验设计方案,模拟上边界温度为 -3 ℃、-6 ℃、-9 ℃,下边界及周围温度均为 +1 ℃。

图 6-1　计算域网格划分

土柱模型尺寸及边界条件如表 6-2 所示。数值模拟使用的渗流模型参数见表 6-3。

表 6-2　试验土样边界条件

试验类型	土类型	高度/cm	底端温度/℃	冷端温度/℃	初始含水率/%
单向冻结	粉质黏土	12	1.0	−3	22
				−6	24
				−9	22

表 6-3　非饱和土渗流模型参数

参数	a_0	m	l	θ_r	θ_s	$K_s/(\text{m/s})$	$\rho/(\text{g/cm}^3)$
数值	2.1	0.5	0.5	0.05	0.45	9.62×10^{-5}	2.2

图 6-2 为温度−3 ℃、−6 ℃、−9 ℃时,其他条件均一样的情况下研究温度的影响,所得到的温度场云图。

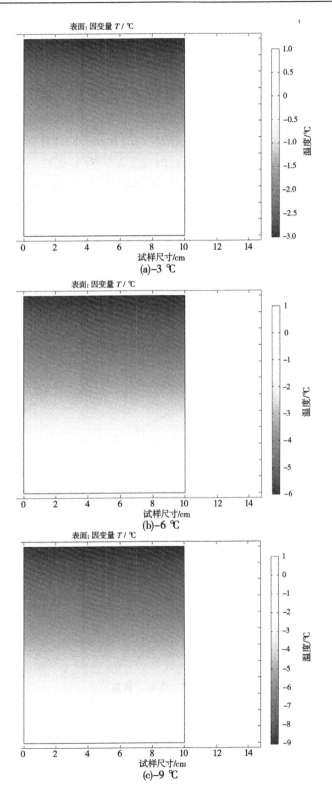

图 6-2　温度变化模拟云图

通过图 6-2 可以看出下方冻土层基本均为正温,而上方土体的温度自上到下基本呈现递减状态,而随着温度的降低,正温等温线逐渐向下移动,代表 0 ℃ 等温线亦随之下降。

为验证分析模型,对测量温度和计算温度之间的对比分析如图 6-3 所示。从两个不同点测量数据可看出,在 -1.5 cm 处测量和模拟的温度在 1 800 min 时拟合度最好,时间在 1 000 min 处温度较高,差异为 1.1 ℃。同样,在 -6 cm 处,计算温度与测量值在 2 000 min 时为拟合度重叠,冻结时间在 1 200 min 时温度差值为 1.8 ℃。由图 6-3 实测值与模拟值对比分析,-6 cm 处的实测值温度与拟合值整体拟合情况较好。分析上述现象的原因是实验室试验受外界影响因素较大。但整体而言,计算出的温度可以很好地与之相符,所以分析模型可以很好地描述冻融循环过程中土体的温度发展过程。

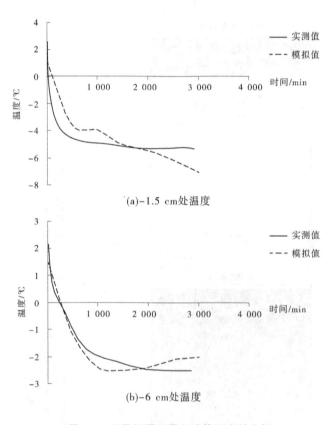

图 6-3　不同位置测量和计算温度的比较

由于试样初始温度为 1 ℃,测点温度从 1 ℃ 开始出现变化。从图 6-3 中可以发现随时间的发展,冻结开始时温度降低速率快,当冻深达到较大位置时,温度降低速率逐渐变慢。

图 6-4 给出了试验过程中土样不同深度的温度场分布。从图 6-4 可以看出,40 min 时温度计算值和试验值的分布曲线差异很小,2 500 min 时温度计算值和实测值存在一定偏差。

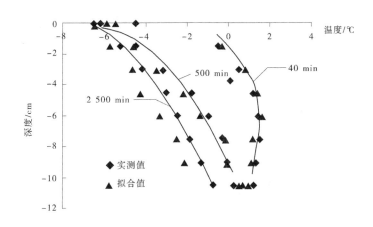

图 6-4　试验过程中不同深度温度场分布

6.2.2　水分对比分析

根据模拟设计方案,模拟时以 22%、24% 这两个含水率作为土体初始含水率,含水率为 22% 的土体冻结温度为-3 ℃、-9 ℃;含水率为 24% 的土体冻结温度为-6 ℃,其余边界条件均一样来研究含水率的变化规律,所得到的 3 组含水率云图如图 6-5 所示。

通过图 6-5 分析可以看出,土体的含水率自上而下基本呈现递减状态,随着含水率的增加,未冻水聚集层位置逐渐向下移动,变化初期较快,后期逐渐趋于稳定。

图 6-6 为不同冻结温度条件下,土体冻结后内部含冰量模拟云图。从图 6-6 中可以看出,冻结温度愈低,体积含冰量值愈高,在冻结温度为-9 ℃时,体积含冰量最高为 30%,而冻结温度为-3 ℃时,体积含冰量为 16%。而且在 0~5 cm 土温随室温变化比较明显,冻结过程中,未冻水含量变化大,水分迁移明显。6~12 cm 在冻结过程中土体温变化梯度小,土温与环境温度相关性低,冻融循环过程中,水分迁移速度慢。

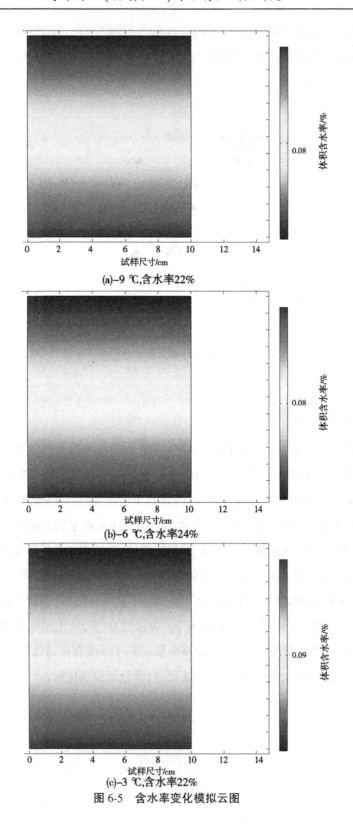

(a)-9 ℃,含水率22%

(b)-6 ℃,含水率24%

(c)-3 ℃,含水率22%

图 6-5　含水率变化模拟云图

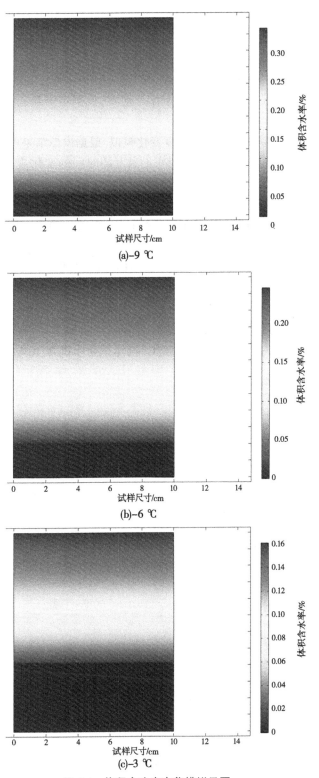

(a)–9 ℃

(b)–6 ℃

(c)–3 ℃

图 6-6　体积含冰率变化模拟云图

6.3　本章小结

本章根据 COMSOL Multiphyscis 建模流程,建立一维单向冻结试验土柱(不考虑补水情况)验证数值模拟,通过数值结果和试验结果对比,说明本书建立水热耦合模型可行有效。得到了如下结论:

(1)利用 COMSOL 软件进行冻土温度变化模拟,根据模拟结果可知,模拟曲线与试验曲线、实测曲线十分接近。同样可以得到冻土温度随时间的变化规律:随着时间的变化,虽然中间略有波动,但冻土位置整体呈现下降趋势,而且下降初期速率较快,后期逐渐趋于平缓。

(2)根据温度和水分对冻土变化的影响模拟,模拟得到的曲线较高于试验曲线,但两条曲线十分接近。说明对室内试验的有限元模拟效果较好,验证了 COMSOL 软件 PDE 模块在实现冻土水热耦合仿真方面的优异性。同样可以得到冻土随温度水分的变化规律为:①随着冻结温度的降低,冻土含水率下降,土体的含水量自上到下基本呈现递减状态,随着含水率的增加,未冻水聚集层位置逐渐向下移动,变化初期较快,后期逐渐趋于稳定。②随着土壤冻结温度的变化,冻结温度愈低,体积含冰量值愈高,在冻结温度为-9 ℃时,体积含冰量最高为30%;而冻结温度为-3 ℃时,体积含冰量为16%。

第7章 结 论

本书针对黑龙江省哈尔滨地区的粉质黏土进行了试验研究,研究过程中针对季节冻土冬季冻结、春季融化的特点,对土体的融沉特性进行了试验观测,得出如下结论:

(1)试验装置。

本次试验所采用的试验装置主要包括由杭州雪中炭生产的土工冻胀试验箱、由中国科学院寒区旱区研究所研制的热电阻式温度传感器、由澳大利亚生产的 DT85 数据采集系统以及差动式位移传感器等,上述仪器的选择是在参考其他科研院所的基础上选择的,经前期考察及实际试验过程中的应用,发现试验仪器设备完全能够满足试验的内容及精度要求。

(2)含水率对融沉系数的影响。

通过不同的含水率条件试验发现,含水率对融沉系数的影响很明显,经过试验得到的数据回归分析发现,含水率与融沉系数呈线性正相关,且相关性良好。根据得出的回归公式,确定出该种土质的起始融沉含水率为 16.9%。

(3)干密度对融沉系数的影响。

本书在做干密度对融沉系数的影响情况时,分别考虑了开放系统和封闭系统两种情况,通过试验发现无论是封闭系统还是开放系统,干密度与融沉系数均呈负相关关系,即融沉系数随着干密度的增大而减小,开放系统与封闭系统相比,同条件下开放系统的融沉系数较封闭系统的融沉系数小。另外,通过试验还确定了该种土质在含水率为 24%、冻结温度为 −4 ℃时的起始融沉干密度为 1.59 g/cm³。

(4)冻结温度对融沉系数的影响。

该部分试验是在封闭系统条件下进行的,根据试验所得的数据进行分析发现,随着冻结温度的降低,融沉系数增大。冻胀率与冻结温度也表现出很好的正相关性,且在相同的试验条件下,冻胀率整体上大于融沉系数。

(5)冻融循环次数对融沉系数的影响。

土体在不同冻融循环次数条件下,随冻融循环次数的增加,土体的融沉系数也在增加,并呈非线性指数相关关系,且相关性较强。土体经过 5 次冻胀、融沉作用后,冻胀量及融沉量趋于稳定。土体在多次冻融循环后,试样的高度依然高于试样的起始高度,总体上表现为冻胀。

(6)冻融后水分迁移特征。

在无外界水源补给的情况下,土体融化后上端含水率较土体初始含水率有所增加,下端土体的含水率减少。当土体为开放系统有外界水源补给时,土体融化后水分迁移规律依旧是上端含水率大于下端的含水率。开放系统条件下,干密度的不同直接影响土体融化后的含水率值,表现为干密度越小,土体由外界补入的水量越多;干密度越大,则由外界补入的水量越少。

（7）冻融后微观结构特征。

土体经过冻融后，通过 XRD 衍射图谱分析试验所选的土体中主要成分是石英和长石，以及少量的云母和累托石，并且经图谱对比发现，土样经过一个冻融循环后矿物成分并无明显的变化。通过扫描电镜发现土体内部的孔隙大小发生了变化，冻中的孔径最大，冻融后土体的孔径比冻融前和冻中状态的孔径要小。通过 BET 分析土样的微观孔隙结构变化发现，土样冻融后比表面积较冻融前增大，冻中的比表面积较冻融前减小。冻中和冻融后的平均孔径较冻融前增大，冻中平均孔径增大较明显。孔隙总体积的变化规律为冻融后孔隙体积最大，而冻中孔隙的总体积最小。

（8）冻土水热耦合分析。

冻土水热耦合分析过程中，首先介绍了季节冻土水热耦合的基本假设，在充分借鉴前人研究成果的基础上，给出了季节冻土水分场和温度场的数学控制公式，并将冻土中孔隙冰体积含量、未冻水体积含量与温度三者之间的函数关系式作为联系方程，由此建立了季节冻土水热耦合数学模型，然后给出了季节冻土耦合数学模型中土体的水分特征参数及热特性参数的取值方法。

（9）冻土水热耦合数值模拟。

利用 COMSOL Multiphyscis 建模，建立一维单向冻结试验土柱(不考虑补水情况)验证数值模拟，分析了不同冻结温度条件下，不同时间及不同土层的温度变化规律；对不同冻结温度条件下，通过云图对土体的含水率和含冰量变化情况进行分析发现，随着冻结温度的降低，冻土含水率下降，含冰量明显增加。

参考文献

[1] 中国科学院兰州冰川冻土沙漠研究所.冻土[M].北京:科学出版社,1975.

[2] 周幼吾,邱国庆,程国栋,等.中国冻土[M].北京:科学出版社,2000.

[3] 徐学祖,王家澄,张立新.冻土物理学[M].北京:科学出版社,2001.

[4] Everett D H. The thermodynamics of frost damage to porous solids[J]. Trans . Faraday Soc,1961,57(5): 1541-1551.

[5] Miller R D . Freezing and heaving of saturated and unsaturated soils[J]. Highway Research Record,1972 (393):1-11.

[6] Radd F J, Oertle D H. Experimental pressure studies of frost heave mechanisms and the growth fusion behavior [A]. 2nd Int. Conf. on Permafrost[C]//Washington D C:National AcaDemy,Press,1973:377-384.

[7] Satoshi Akagawa. Experimental study of frozen fringe characteristics[J]. Cold Regions Science and Technology,1988,15(3):209-223.

[8] Konrad J M,Morgenstern N R. The segregation potential of a freezing soil[J]. Can. Geotech. J,1981,18 (4):482-491.

[9] Nixon J F,Ladanyi B. Geotechnical Engineering for Cold Regions(chapter4). Thaw consolidation[C]//In: Andersland O B,Anderson M,eds. New York:McGraw Hill,1978.

[10] Chamberlain Edwin J,Gow Anthony J. Effect of freezing and thawing on the permeability and structure of soils[J]. Engineering Geology,1979,13(1-4):73-92.

[11] Konrad J M. Physical processes during freeze-thaw cycles in clayey silts[J]. Cold Regions Science and Technology,1989,16(3):291-303.

[12] Kovalyova N,Katarov V,Ratkova E. Research of influence of the cycles "Freezing- Thawing" on characteristics of the forest soils used at construction of forest roads[J]. Actual directions of scientific researches of the XXI century theory and practice,2014, 2(3):176-179.

[13] Viklander Peter, Eigenbrod Dieter. Stone movements and permeability changes in till caused by freezing and thawing[J]. Cold Regions Science and Technology, 2000, 31(2):151-162.

[14] Viklander Peter. Permeability and volume changes in till due to cyclic freeze-thaw[J]. Canadian Geotechnical Journal,1998,35(3):471-477.

[15] Viklander P. Laboratory study of stone heave in till exposed to freezing and thawing[J]. Cold Regions Science and Technology,1998,27(2):141-152.

[16] Graham J. Au V C S. Effects of freeze-thaw and softening on a natural clay at low stresses[J]. Canadian Geotechnical Journal,1985,22(1):69-78.

[17] Robert P, Elliott and Sam I, Thornton. Resilient modulus and AASHTO pavement design[J]. Transportation research record,1988,1196:116-124.

[18] Aoyama K,S Ogawa,M Fukuda. Temperature dependencies of mechanical properties of soils subjected to freezing and thawing[C]//Proceedings of the 4th International Symposium on Ground Freezing Sapporo, Japan(S. Kinosita and M. Fukuda, Ed.),Rotterdam, Netherlands:A. A. Balkema Publishers. 1985:17-222.

[19] Konrad J M. Effect of freeze-thaw cycles on the freezing characteristics of a clayey silt at various overconsolidation ratios[J]. Canadian Geotechnical Journal,1989,26(2):217-226.

[20] Guymong,Bergr,Hromadkata. One dimentsional frost heaven model basedupon simulation of simultaneous heatand water flux[J]. Cold Regions Scienceand technology,1980,3(3):253-263.

[21] NIXON J F. The role of convective heat transport in the thawing of frozen soils[J]. Canadian Geotechnical Journal,1975,12(3):424-429.

[22] Shen Mu,Branko L. Modeling of coupied heat,moisture and stress field in freezing soil[J]. Cold Regions Science and Technology,1987,14(3):237-246.

[23] Duquenoic,Fremond M. Modelling of thermal soil behavior[J]. VTT Symposium94. 1989,2:895-915.

[24] Fremond M,Mikkola M. Thermomechanical modelling of freezing soil[C]//Proceeding of the Sixth International Symposium on Ground Freeing,Rotterdam. A. A. Balkema,1991:17-24.

[25] 陈肖柏.祁连山木里地区冻土融化时的下沉与压缩特性[C]//中国科学院兰州冰川冻土研究所集刊(第二号).北京:科学出版社,1981:97-103.

[26] 吴紫汪.冻土融化下沉的初步研究[C]//中国科学院兰州冰川冻土研究所集刊(第二号).北京:科学出版社,1981.

[27] 朱元林,张家懿.冻土的融化下沉[C]//中国地理学会冰川冻土学术会议论文选集.北京:科学出版社,1982.

[28] 崔成汗,周开炯.冻结砂粘土融沉压缩系数的经验公式[A]//中国地理学会冰川冻土学术会议论文集[C].北京:科学出版社,1982.

[29] 朱元林.冻土地基的融化压缩沉降计算[C]//青藏冻土研究论文集.北京:科学出版社,1983.

[30] 周国庆.饱水砂层中结构的融沉附加力研究[J].冰川冻土,1998(2):24-27.

[31] 原喜忠.大兴安岭北部多年冻土地区路基沉陷研究[J].冰川冻土,1999,21(2):155-158.

[32] 许强,刘卓.冻土融沉系数的预报模式[J].结构工程师,2005(6):46-49.

[33] 刘鸿绪,朱元林.中国寒区建筑基础设计[J].自然科学进展,1996(6):25-28.

[34] 程恩远,姜洪举.季节冻土地基的融沉[C]//第三届全国冻土学术会议论文选集.北京:科学出版社,1989.

[35] 王建平,王文顺,史天生.人工冻结土体冻胀融沉的模型试验[J].中国矿业大学学报,1999,28(4):303-306.

[36] 杨成松,何平,程国栋,等.冻土热融下沉研究的现状和进展[J].工程地质学报,2004:159-162.

[37] 何平,程国栋,杨成松,等.冻土融沉系数的评价方法[J].冰川冻土,2003,25(6):608-612.

[38] 逯兰,杨兆华,张喜发.冻土融化下沉特性试验分析研究[D].长春:吉林大学,2009.

[39] 陈义民,杨兆华,张喜发.多年冻土融沉特性统计分析与分类研究[D].长春:吉林大学,2008.

[40] 郭高峰,齐伟,张喜发.影响多年冻土融沉特性的因素研究[D].长春:吉林大学,2008.

[41] 董斌,李欣,张喜发.中俄石油管道漠河—塔河段冻土融沉特性及工程措施研究[D].长春:吉林大学,2008.

[42] 张喜发,陈继,张冬青.融沉系数在季冻区高速公路路基冻害研究中的应用[J].冰川冻土,2002,24(5):634-638.

[43] 王效宾.人工冻土融沉特性及其预报模型研究[D].南京:南京林业大学,2006.

[44] 李勇.冻土融化压缩特性的实验研究[D].呼和浩特:内蒙古农业大学,2006.

[45] 梁波,张贵生,刘德仁.冻融循环条件下土的融沉性质试验研究[J].岩土工程学报,2006,10(28):1213-1217.

[46] 童长江,管枫年.土的冻胀与建筑物冻害防治[M].北京:中国水利水电出版社,1985.

[47] 曲祥民,张斌.季节冻土区水工建筑物抗冻技术[M].北京:中国水利水电出版社,2008.

[48] 陈肖柏,刘建坤,刘鸿绪,等.土的冻结作用与地基[M].北京:科学出版社,2006.

[49] 李兆宇.季节冻土区粉质粘土冻胀性试验研究[D].哈尔滨:黑龙江大学,2011.

[50] 人工冻土物理力学性能试验规范:MT/T 593.2—2011[M].北京:煤炭工业出版社,2011.

[51] 冻土工程地质勘查规范:GB 50324—2014[M].北京:中国建筑工业出版社,2014.

[52] 冻土地区建筑地基基础设计规范:JGJ 118—2011[M].北京:中国建筑工业出版社,2001.

[53] 建筑地基基础设计规范:GB 5007—2002[M].北京:中国建筑工业出版社,2002.

[54] 铁路特殊路基设计规范:TB 10035—2018[M].北京:中国建筑工业出版社,2018.

[55] 张喜发,辛德刚,张冬青,等.季节冻土区高速公路路基土中的水分迁移变化[J].冰川冻土,2004,26(4):454-459.

[56] 赵刚,陶夏新,刘兵,等.重塑土冻融过程中水分迁移试验研究[J].中南大学学报,2009,40(2):519-525.

[57] 王慧妮,倪万魁.基于计算机X射线断层术与扫描电镜图像的黄土微结构定量分析[J].岩土力学,2012,33(1):243-254.

[58] 李杨.季节冻土水分迁移模型研究[D].长春:吉林大学,2008.

[59] 谢晓永,唐洪明,王春华,等.氮气吸附法和压汞法在测试泥页岩孔径分布中的对比[J].天然气工业,2006(12):100-103,202-203.

[60] 高金宝.功能化介孔材料的合成、表征及其在碱催化和氧化反应中的研究[D].上海:华东师范大学,2007.

[61] 闫禹佳.水热耦合作用下多年冻土上限变化规律研究[D].合肥:安徽建筑大学,2021.

[62] 冯恩民,王金芝,李洪升.冻土温度场的参数辨识[J].冰川冻土,2002,24(3):299-303.

[63] 何平,程国栋,朱元林.土体冻结过程中的热质迁移研究进展[J].冰川冻土,2001,23(1):92-98.

[64] 王铁行.多年冻土地区路基计算原理及临界高度研究[D].西安:长安大学,2001.

[65] 金栋.冻融循环作用对边坡稳定性的影响[D].北京:中国地质大学,2015.

[66] 何敏,冯孝鹏,李宁.准饱和正冻土水热力耦合模型的扩展有限元程序研发[J].岩石力学与工程学报,2017,36(11):2798-2809.

[67] 王桂虎,李欣.冻土温度场与水分场耦合计算分析方法在某公路路基中的应用研究[J].长春工程学院学报(自然科学版),2008,9(2):15-17.

[68] 毛雪松,胡长顺,窦明健,等.正冻土中水分场和温度场耦合过程的动态观测与分析[J].冰川冻土,2003,V25(1):55-59.

[69] 吴东军.人工冻土水热迁移试验及水热耦合数值模拟试验研究[D].淮南:安徽理工大学,2019.

[70] 刘洋.非饱和冻土水热耦合模型及数值模拟研究[D].宜昌:三峡大学,2019.

[71] 白青波.附面层参数标定及冻土路基水热稳定数值模拟方法初探[D].北京:北京交通大学,2015.